LE VIN DE BORDEAUX.

PROMENADE EN MÉDOC.

PARIS. — IMPRIMERIE DE L. TINTERLIN ET Cᵉ,

Rue Neuve-des-Bons-Enfants, 3.

LE
VIN DE BORDEAUX.

PROMENADE EN MÉDOC

(1855)

PAR

M. SAINT-AMANT

ANCIEN NÉGOCIANT EN VINS, MEMBRE DE LA SOCIÉTÉ
DES GENS DE LETTRES, ETC.

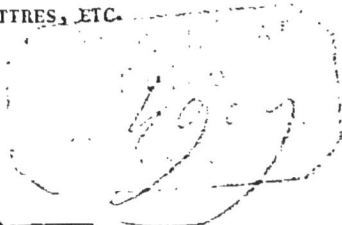

PARIS
CHEZ Mme Ve HUZARD
5, RUE DE L'ÉPERON. — ET CHEZ TOUS LES LIBRAIRES.
A BORDEAUX
CHEZ CHAUMAS, 34, RUE DU CHAPEAU-ROUGE.
1855.

LE

VIN DE BORDEAUX.

PROMENADE EN MÉDOC

(1855)

I.

Ce n'est pas en enfant d'Anacréon ni en disciple d'Épicure que je viens célébrer le jus divin, qui compte déjà tant d'illustres chantres. Plus prosaïque qu'eux, je ne veux traiter cette matière que sous le point de vue de la consommation pratique, usuelle et hygiénique, en un mot, dans un sens purement économique et humanitaire.

Le vin a été la cause alternative de bien des joies et de bien des tourments. Que de fois n'a-t-il pas consolé et affligé en même temps le pauvre monde? S'il inspira parfois des saillies, de l'héroïsme et même des vertus, que de sottises et de crimes aussi ses excès n'ont-ils pas fait commettre? Il fit pardonner bien des folies, et servit d'excuse à bien des fautes : nul plus que lui n'a réclamé le bénéfice des *circonstances atténuantes.*

Il ne peut être hors de propos d'examiner et de faire ressortir sous une face particulière l'étendue des biens qu'on en peut retirer. Tenant pour vraie la parole de Salomon, et bien convaincu après lui qu'il est inutile de chercher rien de nouveau sous le soleil, je ne prétends pas au mérite d'avoir fait une découverte, tout au plus à celui d'être un initiateur, en tâchant de mettre en relief les faces qui n'ont pas été suffisamment développées, en m'efforçant d'en détacher les ombres des clartés, car elles ne sont pas assez généralement comprises et pratiquées.

Notre époque, pour le vin, est une époque qu'on peut appeler de sevrage. Les vignes sont atteintes de maladies graves, les celliers sont vides; un crêpe funèbre semble étendu sur tout l'empire de Bacchus. Il faut voir le découragement du viticulteur, entendre les gémissements de l'intempérance, et, ce qui est plus triste, être témoin des souffrances de l'honnête vigneron, pour comprendre l'étendue du mal. Accoutumé dès l'enfance à réparer la perte de ses sueurs par le produit des vendanges, le cultivateur goûte à peine aujourd'hui de la piquette. Plusieurs bonnes récoltes successives seront nécessaires pour rétablir l'équilibre. Quel chemin nous avons fait depuis dix ans ! On se désolait alors de l'abondance, on maudissait la fécondité des pampres trop chargés de grappes, et par dessus tout on accusait l'avidité fiscale qui, d'une part, avec ses tarifs soi-disant protecteurs, fermait les débouchés extérieurs, et d'autre part arrêtait, par les droits d'octroi, la consommation à l'intérieur.

Aujourd'hui on ne boit plus de vin dans les campagnes ; dans les grandes villes, sur lesquelles pèse le régime d'octrois onéreux, la proportion du renchérissement des liquides est moins sensible, et on en boit encore. La qualité, d'ailleurs, y est moins soumise aux chances des vendanges, grâce aux progrès et aux développements successifs de l'industrie, qui finira par se passer entièrement de raisin pour faire du vin.

Ne pas en boire, pour celui qui cultive la vigne, qui en a contracté une longue habitude et qui y puise des forces, ou en boire de falsifié, amènent des résultats également pernicieux. Nous plaignons de tout notre cœur les pauvres travailleurs soumis à ces deux fâcheuses extrémités, auxquelles nous voudrions trouver un remède. Nous n'en voyons d'autre, pour le moment, que dans la patience, le mal ne peut empirer, et dans la confiance en la divine Providence qui ne manquera pas de restituer leurs trésors à nos vignobles.

En attendant, c'est à celui qui a encore les moyens d'acheter du bon vin et qui ne sait pas s'en procurer, que nous voulons apprendre de quelle façon il peut faire servir sa cave à l'agrément de sa table et à l'amélioration de sa santé.

Il n'est pour ce double but qu'un seul vin au monde. Un seul! qui soit l'ami de l'homme; un seul! qui puisse à la fois charmer son palais et entretenir sa santé; que dis-je? la faire renaître si elle s'est perdue ou altérée :

LE VIN DE BORDEAUX!!!

Il présente, quand il est bien choisi, les agréments de tous les autres vins, et l'esprit de dénigrement qui se refuse à accorder tout à un même sujet, a pu seul l'accuser de ne pas satisfaire aussi bien aux exigences du goût, et de ne pas faire autant de profit que d'autres vins affectés plus généralement à l'usage ordinaire de la table.

On fut très long-temps à ignorer les vertus particulières du vin de Bordeaux. Maintenant qu'elles ont été bien analysées, on les chercherait vainement dans tout autre vignoble. Elles ne tiennent pas au plant ni au climat, elles sont particulières au sol.

Les Anglais, long-temps en possession de la Guyenne, en exportaient le *claret* pour le boire chez eux, sous des conditions toutes différentes ; d'autre part, l'éloignement de Paris et la difficulté des communications, plus tard, les guerres et les blocus, confinèrent la consommation aux lieux de production. La restauration, aux abois pour payer d'énormes contributions de guerre, continua le système prohibitif, et des tarifs de douanes inintelligents remplacèrent ensuite le *blocus continental* du grand Empire. Voilà pour le passé. Quant au présent, l'essor est arrêté par des causes différentes : Le bas prix auquel on voudrait pouvoir le consommer attire les plus mauvaises qualités, et la fraude, qui s'en mêle si activement, achève d'enlever l'efficacité hygiénique de cette excellente boisson. Vous croyez boire des vins de Bordeaux et vous ne buvez que les détestables résidus des plus mauvaises vendanges et des plus bas vignobles, ou des compositions artificielles encore bien plus dangereuses.

Economisez sur tout, mais n'économisez jamais sur les breuvages ;

En état de santé comme en état de maladie, c'est à eux que vous devez recourir : ils peuvent vous perdre ou vous sauver, et quand Brillat de Savarin a écrit: « Dis-moi ce que tu manges, je te dirai ce que

1.

tu es, » lisez en errata : *Dis-moi ce que tu bois, et je te dirai ce que tu vaux.*

Jusque vers le milieu du siècle dernier, Paris, ce grand centre de consommation et de mise à la mode, cette puissante recommandation, ne buvait presque pas de vin de Bordeaux. On en ignorait complétement les qualités particulières, et on lui préférait généralement les vins des deux Bourgognes. L'Orléanais, le Gatinais, la Brie et la banlieue de la capitale fournissaient aussi aux besoins ordinaires et journaliers. Les vins de Bordeaux étaient considérés spécialement comme des vins d'outre-mer.

« Enfin *Richelieu* vint ! et, le premier en France, »

sut faire apprécier, pour ce qu'ils valaient réellement, les produits du Bordelais.

Ce grand seigneur, gouverneur de la province de Guyenne, était venu se reposer au milieu de ses administrés des excès de Paris et de Versailles.

« Quand sa tête blanchie,
» En tremblant, sur son sein se penche appesantie,
» Quand son corps, vainement de parfums inondé,
» Trahit les maux secrets dont il est obsédé, »

son médecin lui conseille de se mettre au régime sur sa terre de *Fronsac*, en buvant les plus vieux vins du cru entassés dans les caveaux du château. Ces vins, qu'on appelle de *côte*, fort agréables du reste quand ils sont d'une bonne feuille, balançaient alors le vin du Médoc, qui, quoique planté, n'était, il est vrai, ni en dimension, ni en perfection, ce qu'il est devenu depuis. Aujourd'hui, le meilleur vin de Fronsac est à peine au niveau de la cinquième et dernière classe des vins fins de Médoc (1).

Quoi qu'il en soit :

« Arcas, sultan goutteux, »

se sentit renaître et rajeunir avec le vieux vin de Bordeaux. Son tempérament se raffermit, et il étonna la cour quand il reparut à Versailles trois mois après. En estomac reconnaissant, il ne cachait point les causes de cette nouvelle jeunesse, et il ne tarissait pas sur les prodiges du vin curateur, qui semblait participer des merveilleuses vertus de la fontaine fabuleuse de l'antiquité.

La mode fut bientôt au vin de Bordeaux; mais comme il n'opéra pas, en panacée universelle, sur tous les maux qui lui furent soumis, un effet aussi complet et aussi prompt que celui qu'on en atten-

(1) Le Médoc, par la qualité de ses vins, vaut presque tous les autres vins réunis de la *Gironde*, quoiqu'il ne soit, comme quantités récoltées ou hectares cultivés, que tout au plus le sixième du département entier.

dait, sa vogue ne se soutint pas et ses aînés reprirent le dessus. Le bourgogne et le champagne rentrèrent dans leurs anciens *palais*. L'orléanais, le brie et le suresnes ne lâchèrent plus le pauvre diable de peuple.

On avait donc connu, pressenti la vertu de ce précieux breuvage le siècle dernier, mais sans chercher à remonter aux causes, ou bien ne les chercha-t-on que superficiellement et ne les trouva-t-on pas.

Aujourd'hui, on peut proclamer et prouver que :

Le vin de Bordeaux, bien pur et bien choisi, agit efficacement sur l'estomac tout en respectant le cerveau ;

Il maintient l'haleine pure et la bouche fraîche ;

Ses fumées ne monteraient à la tête qu'autant qu'on en ferait un abus prodigieux ;

Autrement, il nourrit, fortifie et n'échauffe jamais.

Tout ce que nous disons là n'est nullement exagéré. La science l'a fait passer, d'accord avec l'expérience, à l'état de vérité absolue. Ce n'est pourtant pas que le vin de Bordeaux soit dépourvu des principes alcooliques sans lesquels il manquerait d'énergie et de chaleur, ne plairait point et n'agirait pas comme il le fait. Il est souvent aussi riche en parties spiritueuses que les vins des deux Bourgognes, et même que ceux provenant des antiques vignobles du Rhône (1).

Mais, à cette qualité bien équilibrée, le vin de Bordeaux en joint d'autres qui neutralisent le dangereux effet des alcools, et c'est aux nouvelles expérimentations de la chimie qu'on en doit la démonstration. On tient à présent la cause et l'effet ; aussi n'est-il plus permis de jouer l'incrédulité et de contester la supériorité sur tous les vins du globe à celui que produisent les vignes de Bordeaux.

On supposa, pendant long-temps, que la quantité de tannin que contiennent les vins de Bordeaux était le principe de leur qualité bienfaisante, sans faire attention qu'il existe beaucoup d'autres vins qui sont

(1) Voici le résultat comparatif des essais faits depuis long-temps, et qui font autorité, quoique variables, dans le commerce et l'administration :

Bordeaux, sur cent parties	13
Bourgogne,	id.	14
Champagne,	id.	11
Constance,	id.	19
Frontignan-Lunel,	id.	11
Côte-Rôti,	id.	12
Hermitage blanc,	id.	17
Hermitage rouge,	id.	12
Madère,	id.	20
Malaga,	id.	17
Porto,	id.	24
Tokay,	id.	10

autant *tannifiés*, et qui n'ont pourtant aucune de ses propriétés hygiéniques.

Pour résoudre cette question d'une manière satisfaisante, un membre distingué de l'Académie des sciences de Bordeaux (**M. J.** Fauré), a soumis les vins des différentes parties de la Gironde à une analyse chimique comparée avec ceux de plusieurs autres départements et des pays étrangers ; ce n'est que dans les seuls vins de Bordeaux qu'il a pu constater la présence d'un sel ferrugineux, qu'absorbèrent probablement les racines de la vigne plongeant dans un sous-sol imperméable formé d'une espèce de poudingue de particules de fer nommé *alios*. Ce serait donc à la double combinaison de ce sel avec le tannin, qu'ils devraient leurs qualités précieuses et uniques de fortifier les enfants, de ranimer les convalescents et de soutenir les vieillards. On sait en effet qu'un des meilleurs moyens employés par la thérapeutique, pour rétablir dans le sang appauvri la quantité de fer nécessaire à l'exercice normal des fonctions, consiste à donner ce médicament dissous dans un liquide, ce qui le rend ainsi bien plus facilement absorbable. Chacune de ces boissons imprime au sang une modification salutaire, en se mêlant plus ou moins avec lui pour influer ensuite sur le système nerveux.

Le vin de Bordeaux est donc assurément la meilleure des tisanes à employer, soit préventivement, soit répressivement, pour maintenir la richesse du sang ou pour la lui rendre.

C'est en buvant du bon vin que l'homme parvient à conserver efficacement la plénitude de ses facultés. Qu'on ne s'étonne plus, après cela, que le département de la Gironde, malgré l'insalubrité de ses parties marécageuses, soit un de ceux qui fournissent les plus nombreux exemples de longévité, exemples qui justifient si bien la justesse de notre aphorisme :

« Pour vivre vieux et en bonne santé, buvez de » bon vin vieux, et donnez surtout la préférence à » celui de Bordeaux. »

La plus haute expression de ses vertus générales et particulières, comme agrément et thérapeutique, se trouvant incontestablement dans les produits du Médoc, sans proscrire pourtant tous les autres vignobles du Bordelais, c'est avec celui-là qu'il faut se familiariser (1). Nous allons en faire l'ample connaissance,

(1) Le même chimiste que nous avons cité plus haut, s'exprime ainsi au sujet d'une substance nouvelle qu'il a signalée dans les vins fins de Bordeaux, et qui est d'une grande importance :

« La qualité la plus recherchée dans le vin, après le bou- » quet, c'est l'onctuosité, le moelleux, le velouté, qu'on » retrouve dans les grands vins et qui distinguent d'une » manière si agréable les vins du Haut-Médoc. Personne » ne s'était occupé de rechercher à quelle cause ou à quel

en parcourant ensemble, dans tous les sens, cette si remarquable contrée, depuis la ville même de Bordeaux jusqu'à la ceinture de dunes qui la bornent à l'Ouest et l'y préservent des flots de l'Océan.

» effet il fallait l'attribuer, et cependant on avait reconnu » depuis bien long-temps que certains vins très-chargés en » sève et en arôme, étaient secs, durs et sans agrément. En » isolant les divers principes contenus dans le vin, je me » suis aperçu que les vins fins, délicats, renommés par leur » saveur et leur qualité, contenaient une substance gluti- » neuse, filante, élastique, qui ne se retrouvait qu'en » très petite quantité dans les vins ordinaires, et pas du » tout dans les vins inférieurs ; elle paraît servir admira- » blement à unir, à lier les principes constitutifs du vin, » peu propres à former entre eux un tout homogène.

» Je lui ai donné la dénomination d'œnanthine, non » qu'elle donne aux vins leur parfum, mais parce qu'elle » leur communique un moelleux, un velouté qui fait res- » sortir leur arôme.

» Je regarde donc l'œnanthine comme une substance » particulière qui ne préexiste pas dans le raisin, puisque » le moût ne la contient pas, mais qui se forme, soit sous » l'influence de la fermentation tumultueuse de la cuve, » soit sous l'influence des combinaisons lentes qui s'opèrent » dans la barrique par une modification de la pectine et » du mucilage, car elle parait participer des deux.

» L'œnanthine n'est point précipitée par le tanin et l'alcool » affaibli, comme le sont l'albumine, la pectine, etc.; elle » reste en solution dans le vin, et, à mesure que celui-ci se » dépouille des principes qui y étaient en excès et que le » tanin entraine en se combinant avec eux, elle devient » plus appréciable, parce qu'alors ses propriétés se déve-

II.

Paris fut jugé valoir une messe; le meilleur pays du vin peut bien valoir une visite.

Je viens de recommencer la dixième depuis vingt ans, et de me rendre plus capable que jamais d'en donner les détails les plus circonstanciés à ceux qui sont privés de l'avantage d'accomplir un semblable pèlerinage. L'année dernière, j'avais déjà eu cette pensée; mais, par suite d'engagements antérieurs, le

» loppent et transmettent aux vins l'onctuosité recherchée.
» Les éléments de l'*œnanthine,* comme ceux du principe
» sucré, ne se complètent que vers la fin de la maturation
» du raisin. Lorsqu'une température convenable ne favo-
» rise pas cette maturation, et que la récolte s'opère
» avant qu'elle ne soit terminée, il se produit beaucoup
» moins d'*œnanthine.* J'ai remarqué que tous les vins qui
» renferment une assez forte portion de ce nouveau prin-
» cipe, proviennent de terrains secs, pierreux et caillou-
» teux, tandis que les mêmes cépages, plantés dans des
» terrains gras, forts et argileux, fournissent des vins qui
» en contiennent beaucoup moins, et quelquefois pas du
» tout. »   (J. Fauré.)

Médoc dut céder le pas à l'Amérique et à mon *Second Versailles* (1).

L'histoire du vin est aussi vieille que celle du monde. Elle ne remonte pas seulement au déluge, comme on le croit vulgairement, mais elle tient à la création même. Sans heurter en rien l'esprit des Saintes-Ecritures, la vigne est antérieure à Noé et à ses plantations ; car, les plus véridiques archéologues entendus, l'*arbre de vie*, placé dans le Paradis terrestre à côté de l'*arbre de la connaissance du bien et du mal*, n'était autre que la vigne (*vitis vinifera*). C'est pour cette raison que l'instinct populaire nomma *eau-de-vie* la partie la plus subtile de son fruit.

On lit mot à mot dans la Genèse (chap. III, verset 24) :

« Dieu plaça des chérubins vers l'orient du jardin
» d'Eden, avec une lame d'épée de feu qui se tour-
» nait çà et là pour garder le chemin de l'*arbre de*
» *vie*. »

Il est aussi hors de doute que ce ne fut que postérieurement au déluge qu'on vit reparaître la vigne, et que Noé, homme juste, ayant trouvé seul grâce de-

(1) *Voyages en Orégon et dans la Californie*, en 1851-1852, 1 vol. in-8°, avec planches. Chez L. Maison, 17, rue de Tournon. Le *Second Versailles*, publié à Paris et à Londres, 1854.

vant Dieu, reçut de lui, après le cataclysme universel, un provin de l'*arbre de vie* dont l'Eternel avait privé Adam, et dont Noé eut la permission d'user..... et même d'abuser.

Le paganisme nous retrace, précisément à cette même époque de quatre mille ans en arrière, la conquête des Indes par Bacchus, d'où le divin breuvage a continué sa marche joyeuse et triomphale de l'extrême limite orientale du Japon jusqu'à nous, dernière limite occidentale, par conséquent à travers l'étendue de tout le monde connu des anciens.

La divinité de Bacchus peut être, doit être même contestée par tout bon chrétien ; mais on ne peut nier le chemin de la vigne, qui nous est ainsi arrivée successivement par la Chine, les Indes, la Perse, l'Asie-Mineure, l'Égypte, la Grèce et l'Italie. Sur tous les points de l'hémisphère boréal où le thyrse toucha, la vigne est fidèlement demeurée, tandis qu'à peine, sur un ou deux points de l'hémisphère austral, voit-on cultiver quelques ceps.

Homère connaissait le vin ; il est certain que c'est le jus de la treille que, sous le nom de Nectar, il exalte et qu'il appelle *boisson divine*. Deux seuls des produits de la terre ont eu la gloire d'être divinement représentés aux banquets de l'Olympe : le blé et le vin, sous les attributs de Cérès et de Bacchus. Il faudrait dépasser de beaucoup les bornes que nous nous sommes imposées si nous entreprenions d'énumérer tous les temples de Bacchus et ses myriades de prêtres et de prêtresses.

Les Persans, en embrassant l'islamisme, ne le firent que sous réserve, et continuèrent à boire leurs excellents vins. Mahomet fermait les yeux quand le shah s'enivrait au milieu de sa cour avec le délicieux vin de Schiraz, dont les excès si dangereux troublèrent la cervelle du grand Alexandre et occasionnèrent la mort de Clitus.

Le vin enfin fut appelé à devenir le symbole de la vie chrétienne :

« Buvez-en tous, car ceci est mon sang. »

a dit le Sauveur (Evangile selon S. Math., chap. XXVI, verset 28).

On s'est livré à des calculs d'après lesquels, si tous les hommes communiaient une fois par jour sous les deux espèces, comme le Christ l'a commandé (n'en déplaise à tout l'univers catholique), le vin de la terre entière ne suffirait pas à l'usage de ce sacrement (1).

(1) La coutume de communier, pour les fidèles, sous les deux espèces, s'observa jusqu'au XIIᵉ siècle. A cette époque, elle commença à se perdre. Deux causes contribuèrent à ce changement de discipline : 1° La crainte de répandre le précieux sang, inconvénient majeur qui alarmait extrêmement les fidèles et les ministres de l'Eglise, et auquel il était néanmoins difficile de parer, surtout dans les grandes

Quelle magnifique prime pour les viticulteurs si la Réforme devenait la religion universelle !

Les Phocéens ont été les premiers à importer la vigne dans les Gaules. En fondant Marseille, cette ville si éminemment française à part le langage, ils couvrirent les coteaux du Rhône de cette plante précieuse, que l'Italie et Rome barbare commençaient aussi à cultiver. Ainsi le plus vieux vin de la France, et qui n'est pas pour cela le premier, est le vin de Provence.

Il est bien prouvé que ce fut le désir de boire du vin qui attira les Gaulois jusqu'à Rome : Brennus était ivre lorsqu'il prononça le *væ victis.* Qui sait si les Cosaques, encore plus alléchés par l'exemple de Brennus que par la prophétie du grand homme, ne sont pas poussés par une semblable intempérance ?

solennités où tout le peuple communiait; 2º la rareté des vins dans les pays du nord, lorsqu'ils se convertirent. Il n'eût guère été possible de s'y procurer du vin pour faire communier les fidèles sous les deux espèces, puisque à peine en trouvait-on pour les prêtres à l'autel. Le concile de Constance, en 1414, supprima, avec deux papes, la communion sous l'espèce du vin pour les fidèles. Nous ignorons si c'est le même concile qui autorisa à l'autel la substitution du vin blanc au vin rouge. Il est bien évident que, à la sainte Cène, on n'avait servi que du vin rouge de Palestine, du vin couleur de sang, plus proche de la transsubstantiation au sacrement de l'Eucharistie.

César, après sa conquête de la Gaule, constata que
ses habitants n'avaient plus à envier le vin de l'Italie.
Il avait trempé ses lèvres dans des coupes remplies de
vins de Marseille et de Narbonne, qui, dit-il en propres termes, ne lui parurent en rien inférieurs à ceux
de la Grèce et de l'Italie. Ou César, homme si accompli sous tant de rapports, était un pauvre dégustateur, ou bien les Marseillais et les Narbonnais ont
laissé dégénérer leurs plants et changé considérablement leur manière de faire cuver leurs vins.

Les progrès de la vigne avaient été très-rapides,
lorsque Domitien (que Dieu confonde ce persécuteur
des chrétiens et du vin!), soit ignorance, soit plutôt
faiblesse, dit Montesquieu, ordonna à ses satellites
d'arracher toutes les vignes de la Gaule, ce qui la pri-
va pendant deux cents ans de boire du vin. Le motif
qui *fit prendre la mouche* au tyran romain, fut une
disette de blé pendant laquelle cette denrée de première nécessité atteignit tout au plus le tiers du prix
que nous la payons aujourd'hui. Et dans ce temps-
là on n'avait ni pommes de terre ni une bonne
édilité s'imposant des sacrifices pour que ses administrés ne payassent le pain que quatre sous la livre,
hors le temps des expositions.

Grâce au sage Probus et à de nouveaux plants venus de la Grèce et de l'Italie, la Gaule reprit sa viti-
culture. C'est sans doute dans ce temps-là que Mar-

seille et Narbonne changèrent leurs plants. Saint
Martin de Tours apporta la vigne sur les bords de la
Loire, et l'empereur Julien la fit planter aux environs
de Paris. Mais la vigne de l'Apostat fut évidemment
maudite : vins de Suresnes et vins de Brie, vous êtes
là pour l'attester !

Pendant mille ans et plus, la France ne fut nullement inquiétée pour ses vignobles ; mais un beau jour,
un roi, d'exécrable mémoire, imagina de limiter les
plantations de vignes, en fit arracher un grand nombre et des meilleures, et défendit par un édit d'en
planter sans son autorisation. Ce qu'avait osé faire
Charles IX, étouffé par le sang de la Saint-Barthé-
lemy, fut continué par Henri III ; ce prince, plus faible que méchant, ajouta à ce premier tort celui d'en
faire principalement l'application aux Bordelais. On
l'eût béni s'il s'en fût seulement pris aux vignobles
qui étaient sous sa main pendant qu'il assiégeait
Paris.

Le bon Henri IV, qui savait si bien *boire et battre*,
répara ces iniquités ; allaité au vin de Jurançon, il
voulut que le peuple eût la bouteille de vin comme la
poule au pot. Louis XIV, avec ce sentiment de gran-
deur qui ne l'abandonna jamais, même dans la fortune adverse, laissa toute liberté aux planteurs de
vignes ; mais son triste successeur recommença à les
mettre en tutelle, en ne permettant pas qu'on replan-
tât des vignes à moins d'un ordre exprès du roi : glo-

rieuse époque que celle où les Pompadour et les Du-
barry brevetaient les vignerons et les maréchaux
de France !

La Révolution de 1792 rendit cette liberté avec
toutes les autres ; celle-ci du moins a survécu aux diverses réactions d'en haut et d'en bas.

Un fait assez remarquable et qui ne coïncide pas
mal avec la chanson bachique qui veut prouver par le
déluge que les méchants sont buveurs d'eau, c'est que
ce sont justement les meilleurs princes qui ont protégé
la vigne, tandis que ce sont au contraire les plus mauvais princes qui l'ont persécutée. Le proverbe *in vino
veritas* fut toujours la terreur du méchant.

Dans le siècle où nous vivons, on ne se pique guère
d'être logicien et conséquent ; aussi crie-t-on qu'on a
trop de vigne quand le vin est bon marché ; devient-il
cher, on recommence de plus belle le travail du père
Noé (1).

(1) Aujourd'hui, sur les 86 départements, 75 cultivent la
vigne, et dans plus de la moitié de ces départements elle
est la culture dominante. On compte en France environ
dix-huit cent mille hectares plantés de vignes et produisant, année moyenne, 36 millions d'hectolitres de vin, à
peu près un hectolitre par individu ; mais la répartition n'est
pas aussi équitablement établie. Il serait beaucoup à désirer
qu'on pût arriver à une synonymie de la vigne, qui réduirait
probablement de beaucoup les variétés supposées de cette
plante, dont on confond les mêmes cépages sous des noms
différents dans chaque vignoble ; ce qui égare les plus éru-

Après bien des oscillations nous sommes enfin arrivés aux prix les plus exorbitants. Les vignes sont frappées de maladie, les caves et les celliers sont vides, et le découragement est dans tous les vignobles. Enfin, ce qu'on ne vit jamais! la France est tombée au point d'être tributaire de l'étranger pour ses denrées de première nécessité : l'année dernière pour le blé, cette année-ci pour le vin. Décidément, les prophètes ne se sont pas retirés de nous, mais Bacchus et Cérès :

« Ces dieux depuis long-temps nous sont cruels et sourds. »

Cependant comme les calamités de ce genre ne frappent jamais que les plus pauvres gens, on peut encore boire du vin dans la classe riche, même dans la classe moyenne. Transitoirement on le paiera plus cher; mais là s'arrête le mal.

III.

Le Médoc est une langue de terre qui s'avance au milieu des eaux de la mer et de la Gironde. Il est

dits ampélographes, au point d'hésiter entre 20 espèces primitives et des variétés à l'infini. On était parvenu à réunir 1,400 variétés de vigne à la pépinière du Luxembourg, quand cette riche collection fut si déplorablement dispersée.

compris entre ce fleuve et le golfe de Gascogne. Commençant à 15 kilomètres de Bordeaux, il suit la rive gauche du fleuve jusqu'à la mer. Sa largeur varie de 8 à 20 kilomètres; à partir de Saint-Estèphe, situé à environ 60 kilomètres de Bordeaux, le Haut–Médoc est terminé; là commence le Bas–Médoc, qui se prolonge une quarantaine de kilomètres. Les vins y ont perdu de leur distinction. Ainsi, une longueur de 40 kilomètres environ et une largeur moyenne de 16 kilomètres contiennent tous les vignobles, entre–coupés et séparés les uns des autres par des marais, sur lesquels s'élèvent des coteaux de graves d'alluvion diluvienne, où se récoltent les vins les plus recommandables et les plus célèbres de l'univers entier.

Voici comment décrit cette contrée un statisticien qui la connaît depuis long-temps (M. Franck) :

« Le Médoc n'offre qu'une vaste plaine, coupée
» vers le bord de la Gironde par des coteaux qui pro-
» duisent les meilleurs vins. Ces coteaux sont couverts
» d'une terre légère, entremêlée d'un grand nombre
» de cailloux de forme ovale, de 3 centimètres de dia-
» mètre et d'un blanc grisâtre. A 60 ou 70 centimètres
» de profondeur, on trouve une terre rouge, d'une
» espèce ferrugineuse, sèche et compacte, entremêlée
» de cailloux qui semblent y être identifiés. La se-
» conde qualité du terrain des vignobles est un sable
» vif et graveleux. A 50 centimètres de la surface, on
» trouve, dans certaines parties, un fonds argileux ou

» graisseux ; dans d'autres un sable mort. Nulle part
» on ne rencontre un terrain plus varié dans la qua-
» lité et dans les productions. Les propriétés y sont
» toutes divisées. Les 50 journaux de vignes d'un
» même propriétaire sont très souvent enclavés, par
» petites parties, dans les 50 journaux d'un autre
» particulier. Il y a des communes dont les produits
» fonciers sont très abondants, tandis qu'à côté on en
» voit de très pauvres. Il n'est pas rare de voir dans
» un même champ, des veines stériles à côté d'autres
» fort productives. Il en est de même de la qualité et
» de l'estimation des vins. Tel individu dont les vins
» sont rangés dans la première classe, renferme, dans
» une partie de ses vignes, des rayons qui appartien-
» nent à un autre propriétaire dont les vignes sont
» moins recherchées, quoique la nature du sol semble
» la même. »

Par le fleuve, à l'aide de bateaux à vapeur, on communique régulièrement avec le Médoc. Deux fois par
jour, ils montent et descendent, en trois ou quatre
heures, soir et matin, de Bordeaux à Pauillac et *vice
versâ*. Deux larges routes départementales, parfaitement entretenues, le sillonnent aussi dans sa longueur,
et une foule de chemins vicinaux y établissent de faciles communications. Pour en bien fouiller les coins
et recoins, il faut s'y rendre par terre. Avec les bateaux on ne touche qu'aux ports de la lisière fluviale,

et l'on ne jouit que de la perspective des sites les plus élevés.

On peut se rendre de Bordeaux en Médoc dans une voiture particulière, et c'est la meilleure manière de tout voir en peu de temps, avec le moins de fatigue et le plus d'agrément. Ayant alternativement usé de ces divers véhicules, je sais parfaitement à quoi m'en tenir.

Par la diligence on arrive, plus promptement et plus facilement, aux deux points centraux du Médoc, Margaux et Pauillac ; mais il faut s'assurer là d'une voiture de location pour aller dans les traverses. A pied le métier serait aussi long que fatigant, et l'on ne serait pas dans de bonnes conditions physiques et même sociales pour faire convenablement les visites. Il ne faut pas toujours viser à trop pratiquer la philosophie; la meilleure preuve de sagesse est de se conformer, même contrairement à ses propres goûts, aux usages, et aux préjugés qui plus est, de ceux qu'on va chercher et dont on attend quelque chose. Ne paraissez jamais devant eux misérablement.

Il est difficile d'être mieux reçu, quand on sait se présenter, qu'on ne l'est chez tous les propriétaires du Médoc ; on n'a besoin ni d'introducteur ni de lettres de recommandation, et tout au plus si l'on est tenu de décliner un nom et une qualité (1). On se fait an-

(1) Il ne faut pourtant pas, à l'inverse du héros de la Manche, prendre en Médoc tous les châteaux pour des au-

noncer tout court pour goûter les vins : l'homme d'affaires et le tonnelier se mettent immédiatement à votre disposition. Il est bon de s'être muni d'avance d'une tasse et d'un verre, et même, comme les courtiers, d'une sonde et d'une vrille (avant-clou). Dans ces vastes *chais* (magasins de vins) remplis de produits d'une si haute valeur, ce sont les plus minces accessoires qui font seuls défaut.

On vous donne le goût et l'échantillon aussi de tous les vins vieux et nouveaux. Quant aux prix, le régisseur ou le propriétaire, qui ne sont pas toujours là, peuvent seuls vous fixer. En attendant, dégustez à votre aise : c'est un acte qui ne compromet et n'engage en rien. Le propriétaire est toujours flatté de montrer ses produits. Ses agents, qui sont presque tous plus ou moins propriétaires dans les environs, vous parlent aussi de leurs propres vins, et ne demandent pas mieux que de vous les faire goûter, ainsi que ceux de leurs parents, amis et connaissances. Vous avez bientôt tout le vignoble à votre disposition.

Le temps, l'usage, l'expérimentation sur les bonnes

---

berges. On y serait certainement fort bien accueilli, mais ce serait aux dépens de la liberté des mouvements et de l'indépendance morale.

Au Bien Venu, chez Delas, à Margaux, et à l'*Hôtel du Commerce*, chez Pouyallet, à Pauillac, on est parfaitement traité de toutes façons.

et mauvaises années, un consentement tacite, le bon
vouloir et la complaisance des courtiers-gourmets (ceci
est le moins bien), ont fait diviser les différents vins
en classes distinctes ; cinq principales, après lesquelles
tout le reste est *bourgeois* ou *paysans*, ont été établies
pour les grands vins fins ; c'est d'après cette classification que s'établissent les prix relatifs. Ils sont fixés
par les ventes sérieuses de l'une de ces classes, et il y
a point d'honneur chez chaque propriétaire à ne pas
vendre au-dessous : en agissant différemment, il ta-
cherait son blason et s'exposerait d'ailleurs à un dé-
classement qui le rejetterait dans la classe inférieure,
d'où il finirait par tomber de chute à chute *bourgeois*
ou *paysan*. C'est au contraire en tenant les prix bien
fermes autant qu'en améliorant la culture et la fabri-
cation de son vin, qu'un propriétaire grandit son cru
et le fait monter en grade. Il y a cependant une foule
de circonstances particulières et imprévues, qui peuvent temporairement établir des différences sensibles
entre les vins placés sur la même ligne ; tant mieux
alors pour celui qui a été le plus favorisé !

D'après le cours général établi, chaque propriétaire sait à peu près le prix qu'il peut obtenir ; cependant il y a encore bien des différences qui tiennent au
savoir-faire pour vendre, même en gros et au commerce. Beaucoup de propriétaires sont en même temps
marchande. Un grand cru est la meilleure enseigne.
La récolte se débite alors avec un double avantage et
celle des bonnes années n'a pas de fin.

Il n'y a rien à faire chez le propriétaire-négociant pour le marchand ; celui-ci ne pourrait pas dire qu'il traite avec le propriétaire, chez qui l'autre qualité l'emporterait. En quittant le *chai* de la campagne pour celui de la ville, tout est changé : le vin est grandi de nom s'il ne l'est de qualité. Jamais les vins des années réussies ne sont épuisés, et, par compensation sans doute, les mauvaises récoltes disparaissent sans que personne s'en vante.

Les vins de Médoc classés, à quelque rang qu'ils appartiennent, sont également bons pour la santé. Ce n'est pas le degré de finesse et la délicatesse du bouquet qu'il faut regarder, mais la réussite de l'année, afin que le vin n'ait pas d'acidité et de verdeur (1). Ainsi, un vin de la cinquième classe, même *bourgeois*, encore pis, *paysan*, d'une année favorable à la vigne, sera bien plus sain et plus profitable qu'un grand vin de première classe d'une mauvaise feuille. C'est ce qui fait que les vins de Médoc sont à la portée.

---

(1) « Vilandry priserait sa sève et sa verdeur, » dit Boileau. Ce qui doit faire supposer qu'à cette époque le mot *verdeur* ne se prenait pas dans la même acception qu'à présent. Si dans le Bordelais elle est un défaut, je ne sache pas qu'elle soit regardée comme une qualité dans les autres vins de France. Elle provient toujours d'un excès d'acide tartrique et de causes qui n'ont pas été favorables à la maturité du raisin ; mais la verdeur passe quelquefois avec l'âge, et alors les vins finissent toujours bien.

des petites bourses comme des grandes, et, qu'à mille francs le tonneau, on peut se procurer un vin aussi hygiénique qu'à cinq et six mille francs. Par la cherté actuelle, il y a si peu d'écart entre les mauvais vins ordinaires et les bons vins, que ce n'est pas la peine de se priver de ceux-ci quand on a déjà les moyens d'acheter les autres.

Une attention importante est celle de ne tirer le vin en bouteilles que lorsqu'il a acquis sa maturité en tonneau, ce qui n'est guère avant la cinquième année. Acheter du vin nouveau est une folie de la part d'un consommateur, car il ne pourra le soigner dans sa cave particulière pendant plusieurs années, et, pour peu qu'il l'y oublie ou l'y néglige quelques mois, il aura perdu son vin, qu'il faut d'ailleurs remplir fréquemment et soutirer à des époques déterminées.

Le vin, quoi qu'en disent messieurs les négociants de Bordeaux, n'est jamais mieux que dans les caves du cru. On l'y soigne avec amour, et il n'est mélangé et rempli qu'avec son pareil. C'est là seulement d'ailleurs qu'on peut l'aller chercher avec quelque confiance. Tout autre part, vous pouvez sans doute, avec beaucoup d'argent, en acheter quelquefois de bon ; mais, franchement, vous ne pouvez savoir son origine : le vendeur ne la connaît plus lui-même.

La bouteille fait beaucoup de bien au vin de Bordeaux, et comme agrément et comme ton hygiénique. Six mois, un an si l'on peut, sont nécessaires, on pourrait presque dire indispensables, entre le tirage en bouteilles et la mise en consommation. Bu à une température élevée, non-seulement le vin de Bordeaux est plus agréable, mais il est aussi plus bienfaisant que lorsqu'il est froid ou trop frais. Ce n'est pas à la température de la cave, mais à celle des appartements dans l'été, qu'il faut boire le vin de Bordeaux.

IV.

Une expérience pratique œnologue de vingt-cinq ans m'a mis à même d'étudier la question sous ses différents aspects. J'ai parcouru les vignobles, j'en ai analysé les produits, j'ai étudié la physiologie du marchand comme celle du propriétaire, et j'ai pu juger et apprécier aussi l'étendue des variétés entre les consommateurs des diverses contrées du globe.

J'avoue que j'ai cru, naïvement et long-temps, que pour vendre du vin il fallait en avoir. Il n'a fallu rien moins que deux révolutions pour m'amener à une opinion contraire à celle que je gardai un quart de siècle. C'est précisément quand on ne possède pas une seule goutte de vin qu'on est le plus apte à servir convenablement le confiant consommateur, surtout en bon vin de Bordeaux. On peut m'objecter qu'à la Bourse, dont l'exemple à citer n'est pas heureux, c'est ainsi qu'on procède : les ventes de ce qu'on n'a pas excèdent de beaucoup les marchés fermes et réels de ce qu'on possède. Heureusement, des raisons plus solides abondent et font vite évanouir tout soupçon d'idée paradoxale.

Si vous achetez, et que vous gardiez chez vous des vins de Bordeaux au sortir de la cuve, ils feront des frais considérables, et vous n'êtes jamais certains de les mener à bonne fin, quand cette bonne fin demande quelque chose comme cinq années. Vous ne pouvez pas remplir avec le même vin, et une consommation annuelle de cinq pour cent, pendant cinq ans, fait un quart d'adjonction de remplissage à l'époque où vous pourrez livrer au consommateur. Il faut joindre à ces frais ceux d'entretien, de soins et de magasinage, plus l'intérêt du capital. A quel prix pourriez-vous vendre pour avoir du bénéfice ? A un prix que ne comprendra pas l'acheteur. Aussi, ne vous sauvez-vous que par les coupages et en livrant un vin dénaturé.

Tout compte fait, je n'ai jamais rien gagné sur les vins fins de Bordeaux que j'avais achetés chez les propriétaires, et que j'avais ensuite élevés et nourris plusieurs années, soit dans mes *chais* à Bordeaux, soit dans mes magasins de Bercy. J'en ai même fait voyager en pièce et en bouteilles au-delà de la Ligne, sans résultat assez avantageux pour couvrir les frais.

Puisqu'il est reconnu que le propriétaire qui récolte le vin, et qui n'a pourtant pas de loyer de cave ou de *chai* à payer, fait un mauvais calcul en gardant son vin pour le vendre en vieux ; que cette façon d'administrer lui est presque toujours préjudiciable, et, à cet égard, il n'y a qu'une voix chez ceux qui ont approfondi la question, ne faisons pas comme eux, nous qui, marchands ou consommateurs, sommes placés dans des conditions encore plus défavorables ; profitons, au contraire, de cette faiblesse paternelle qui tient à élever ce qu'elle a produit ; allons lui prendre son vin quand ce vin est mûr et ne demande qu'à être bu, au moment où il faut enfin que son auteur s'en défasse, ne pouvant éternellement entasser récolte sur récolte.

Le commerce a un grand intérêt à accréditer la croyance erronée que les propriétaires ne savent pas soigner leurs vins. Pour les productions communes, où la quantité est tout et où la qualité n'est qu'une question secondaire, comme par exemple dans la Charente, à Saint-Macaire et dans le Haut-Pays, il est possible que le propriétaire ne soit pas très-soigneux, qu'il néglige les soutirages et s'occupe peu des vaisseaux dans lesquels il loge ses vendanges ; mais il n'en est pas ainsi sur la rive gauche de la Gironde. Là les vignes sont des vergers et des jardins, les caves des bibliothèques, les *chais* et celliers des boudoirs. On travaille toute l'année avec vigilance dans les uns

et les autres. Chaque mois a ses opérations, et la sollicitude de tous les instants prodiguée à chaque cep
s'étendra sur leurs produits. Le propriétaire en Médoc y tient tellement, que nous avons déjà vu que s'il
pouvait se passer de faire argent de ses récoltes, il les
garderait toutes. Ce n'est qu'à son corps défendant
qu'il s'en sépare, et son orgueil producteur les accompagne jusque chez l'acheteur. Aussi, une fois que les
vins ont été marqués dans le *chai* du vignoble, on
peut les y laisser avec toute confiance. Il n'y a pas à
craindre que le vendeur les altère par aucune fâ-
cheuse mixtion ; il irait plutôt les remplir avec la
bouteille de sa table.

Je suis fâché d'avoir à répéter qu'on ne peut malheureusement pas en dire autant du commerçant. Il
y en a trop qui croient que tout le mérite de la profession est dans l'art de mélanger, de travailler les
vins. Presque tous s'y adonnent, généralement par
cupidité, mais aussi par manie quelquefois. Je ne
parle pas des misérables qui livrent du vin à si vil
prix dans les grandes villes, qu'il y a pour eux
comme force majeure à ce que dans leurs pernicieuses boissons le vin ne soit même pas la partie dominante ; tout au plus s'il s'y trouve accessoirement.

On a souvent voulu réglementer sévèrement le
commerce des vins, et aujourd'hui la législation est
plus rigoureuse qu'elle n'était autrefois. En 1846, on
était parvenu à faire passer à la Chambre des dépu-

tés une véritable loi draconienne, qui mettait tout le commerce de vins en état de suspicion et sous la dépendance arbitraire de la police. Les propriétaires qui ne pouvaient alors se défaire de leurs vins qu'à des prix très réduits, s'en prenaient à la fraude et aux commerçants (1). Ils obtinrent de la Chambre tout ce qu'ils lui demandèrent. Ce fut leur malheur : ils avaient dépassé le but. La loi fut portée à la Chambre des pairs. Le commerce de vins était tombé dans une telle apathie qu'il laissait tout faire. Ce fut sur ces entrefaites que, indigné pour ma part, je fis imprimer et publier, sous forme de lettre, une série d'observations et de remontrances adressées à la Chambre des pairs (2). Je fus aussi entendu dans le sein de la commission, et la loi fut enterrée définitivement dans ses bureaux.

C'est aux lumières des hommes supérieurs qui composaient la commission, et un peu aussi aux difficultés pratiques de cette nouvelle législation, qu'il suffisait de signaler avec clarté, qu'on a dû attribuer

(1) On portait les calculs de ce qui se buvait en eau comme vin dans Paris, tous les ans, à 800 mille hectolitres. Qu'est-ce donc depuis que le vin a triplé de prix?

(2) Lettre à la Chambre des Pairs, du 18 février 1846, par M. Saint-Amant, imprimée chez Proux et Cᵉ, 3, rue Neuve-des-Bons-Enfants, et distribuée à tous les membres de la haute Chambre.

la disparition d'un projet de loi enfanté par la passion des intérêts aux abois, et qui n'était rien moins que le déshonneur du commerce de vins.

Comme je puis paraître sévère envers une corporation dont j'ai long-temps fait partie, je me crois en droit de rappeler les petits services que j'ai pu lui rendre. Je sais d'ailleurs qu'il y a trop d'honorables exceptions parmi mes anciens confrères, pour que toute conscience irréprochable ne soit amplement désintéressée dans les accusations.

Une vérité claire comme le jour, est que tout consommateur de vins qui n'est pas propriétaire, doit l'acheter. Ceci n'est pourtant pas aussi facile qu'on pourrait se l'imaginer; il n'est pas donné à tout le monde, même l'argent en mains, de se procurer du bon vin à un prix raisonnable. Par ce que nous avons déjà dit du producteur et du spéculateur, on peut en avoir un premier aperçu. Chez ce dernier on est trompé de toute manière; chez le propriétaire sont toutes les chances de succès; mais il y a encore manière de s'y prendre, et comme, en définitive, c'est là qu'il faut frapper, je vais m'étendre un peu sur la conduite à tenir en pareille occurrence.

Nous l'avons déjà dit : le propriétaire aime son vin comme ses enfants. Son bonheur est de voir ses caves bien pleines; n'était le vide de la caisse, il se bornerait à passer les vaisseaux de ses vins en revue, à les déguster et à les redéguster encore. Quand il est contraint, il faut bien qu'il s'exécute, mais quelle souffrance et combien il se fait violence ! Il épuise alors tous les moyens d'en obtenir le plus d'argent possible : ceci est permis et aussi légitime que naturel, d'autant plus que chaque propriétaire, d'ailleurs fort estimable, est intimement convaincu que son vin est le meilleur de tous. Excepté le petit nombre placé au premier rang, tous les autres protestent et maudissent la classification. C'est un chorus universel contre l'injustice et l'arbitraire des courtiers et contre les législateurs de la classification.

Le propriétaire est né avec le sentiment que le courtier est l'ennemi naturel de sa caste ; il croit toujours qu'il penche du côté du négociant, avec lequel il vit beaucoup plus. Laissez aux propriétaires la révision de la loi, et soyez assurés que chacun votera pour son vin. Il n'y aura qu'une voix pour chacun, comme dans je ne sais plus quel vote électoral ; enfin ils seront tous au premier rang.

Quand vous allez demander à un propriétaire de goûter ses vins, lui ou ses agents vous introduisent dans les *chais*, avec cet empressement marqué que j'ai déjà signalé. Sur l'offre d'acheter ses vins, vous réveillez tout l'appétit de son orgueil, et il vous demande des prix exorbitants, vous citant ses voisins ou les prix déjà obtenus, pour légitimer de pareilles prétentions. Quand il est classé, il peut chercher à vendre au-dessus du prix établi , mais il ne peut guère vendre au-dessous ; ce serait, je le répète, faire tort à son cru dans le présent et l'avenir : *Noblesse oblige.*

Un fait positif est que vous n'obtenez jamais leur dernier mot tant que, le chapeau à la main , vous jouez le rôle de demandeur : *Il faut les laisser souffler,* suivant l'expression triviale des courtiers, quand vous avez pris le goût de leurs vins et qu'ils ont reçu votre adresse. Attendez ensuite que les rôles soient changés et que , à leur tour , ils prennent l'initiative de faire l'offre de vendre : ce n'est qu'ainsi qu'on arrive de part et d'autre à une transaction équitable.

Tout consommateur doit donc remettre ses intérêts entre les mains d'un intermédiaire bien placé sur les lieux ; le choisir actif, honnête, intelligent et connaisseur. Il faut ensuite lui laisser une certaine latitude pour les prix et pour l'opportunité. Souvent six mois sont nécessaires pour accomplir un pareil marché, dans lequel deux conditions sont rigoureuses : bonté des vins et modération des prix. Pour obtenir du vin avec faveur, ce n'est pas souvent une seule barrique, ni même un tonneau qu'il faut prendre, mais toute la partie : en prévision de ce cas, il a fallu se prémunir d'une quantité d'ordres suffisants pour profiter de l'aubaine.

Alors, le consommateur recevant directement le vin, parti en double fût de chez le propriétaire et sous son cachet, sans autre intermédiaire que le chemin de fer, pourra être certain en le recevant et en le déballant lui-même, non-seulement qu'il boit du vrai vin de Bordeaux, mais encore il connaîtra le véritable cru de Médoc d'où il sera sorti dans toute sa pureté originelle. L'acquit-à-caution ferait foi au besoin.

Presque dans tous les marchés l'intermédiaire du courtier se fait sentir. Certainement on peut fort bien s'en passer; mais à Bordeaux, ils ont pris tant d'autorité qu'ils sont les véritables arbitres du commerce de vins. Beaucoup de propriétaires n'oseraient vendre sans leur assistance, et un plus grand nombre de négociants ne se hasarderaient pas à marquer sans leur intermédiaire.

Comme en tout et partout, il y a du choix parmi eux, et ils sont plus ou moins habiles les uns que les autres. Mais, en général, ils s'attachent trop à la classification et pas assez aux qualités réelles des vins. La plupart sont riches, et quelques-uns le sont même excessivement et propriétaires de bons crus. Ce qui prouve l'excellence de la profession. Sans doute, pour la bien exercer, il faut des qualités, de l'entregent, un caractère souple et délié qui n'est pas le partage de tout le monde; mais, en outre, dans cette spécialité, il faut, pour ainsi dire, une organisation physique dont la réunion des qualités n'est pas commune. Un habile dégustateur doit être pourvu d'une certaine sagacité dans l'organe de la vue, afin de saisir avec précision la couleur du liquide, partie importante qui résulte de mille influences d'espèce, d'âge, de culture et de vinification; puis l'odorat entre en jeu. Quelle finesse! quelle subtilité! pour discerner les effluves délicats qui se croisent, se mêlent et se dominent tour à tour! Le goût vient enfin prononcer en dernier ressort et porte un jugement définitif, quand la langue et l'arrière-bouche ont été rigoureusement interrogées.

Bien que limités aux seuls vins de la Gironde, les courtiers de Bordeaux, même pourvus d'une aptitude spéciale et ressentant *du ciel l'influence secrète*, sont forcés de faire de longues études pratiques de la matière, car tel, après avoir affiché de grandes prétentions, tomba dans de lourdes et plaisantes bévues. Il faut, pour ainsi dire, des points de repère aux plus exercés; disons-le franchement : ils ne savent réellement déguster que dans les *chais* qu'ils connaissent d'avance.

Tout ce que nous venons de dire explique parfaiment pourquoi, parmi tant de courtiers, légaux et marrons, à Bordeaux, on compte si peu d'habiles dégustateurs.

Un véritable négociant en vins ne devrait s'en servir que par exception. Plus il augmente ses frais, plus il est forcé de vendre cher, quoique, en définitive, il soit bien reconnu que c'est toujours le consommateur qui paie et qui doit payer.

V.

En sortant de Bordeaux, par la route Nord-Ouest, et après avoir franchi une distance de dix kilomètres, on est à Blanquefort, d'où l'on marche ensuite directement vers le Nord.

La commune de Blanquefort est improprement regardée comme le commencement du Médoc; elle y conduit ainsi que celle du *Taillan*, et sont toutes deux l'intermédiaire obligé; mais la nature des vins est toute différente et participe principalement des *Graves*. Les vins rouges, sortis d'un sol de sables cailloutex, sont communs; ce sont les vins blancs qui font le plus d'honneur à Blanquefort. Dans aucun vignoble du Médoc, et c'est à remarquer, on ne fait une seule barrique de vin blanc; les cépages, autres que ceux portant des fruits rouges, ne sont que très peu cultivés.

Blanquefort fut de l'ancien pays médocain, que la différence de culture, comme celle des produits, a achevé d'en exclure. Nous ne pouvons non plus regarder comme Médoc, *le Taillan*, placé à la même hauteur que Blanquefort, et situé entre cette commune et celle de *Saint-Médard*.

Le marquis de Bryas, possesseur du château du *Taillan*, y fait des récoltes de vin ordinaire considérables. Agronome distingué, son château sert de ferme-modèle sous beaucoup de rapports, et tout y est en voie d'expérimentation et à la recherche du progrès, qui fut long-temps la devise politique de M. le marquis.

Au-delà des marais de *Parempuyre*, à huit kilomètres de Blanquefort, on entre véritablement en Médoc en posant le pied dans la commune de *Ludon*. Les vignobles en ont pris la tournure et on commence à en ressentir la grande sève. Le premier cru qui se présente, appelé *la Lagune*, n'est encore qu'en quatrième; c'est le meilleur et le seul classé de Ludon. A une magnifique robe, ce vin joint beaucoup de plein et de velouté. Ludon possède plus de palus que de graves, et c'est au milieu des marais que nous trouvons le vaste domaine d'*Agassac*. Nous avons réservé jusqu'à présent de parler de ces marais, qui occupent tant d'espace dans le département de la Gironde, et qui bordent la partie nord-ouest de la ville de Bordeaux, dont ils ont souvent compromis la salubrité.

Agassac, dont M. Richier, ancien représentant du peuple et président actuel de la Société d'agriculture de la Gironde, se rendit acquéreur, il y a deux ans, moyennant près d'un million de francs, qu'il n'avait pas entièrement économisé sur les 25 francs par jour tant reprochés aux représentants, a de vastes vignobles tant en graves qu'en palus. Le premier de ces vins n'est pas dépourvu d'agrément quoiqu'il ne soit pas classé. C'est tout bonnement *un bon bourgeois.*

Autrefois le port de Ludon était la propriété exclusive des seigneurs du château d'*Agassac,* et les *vilains* ne pouvaient embarquer leurs vins que plus bas, au port de *Macau.* Chacun aujourd'hui a son port, et a le droit de s'en servir sans être obligé de recourir à celui de son voisin.

Le domaine d'Agassac, dont le vieux manoir, entouré d'eau de tous les côtés, n'est abordable que par un pont, est aussi remarquable par ses prairies et ses vastes marais que par les vignobles. Tout y paraît en plein rapport. Les prairies sont remplies de chevaux et de mulets ; mais ces troupeaux ont « l'œil morne maintenant et la tête baissée. »

En s'en approchant de près, on est frappé de la dégradation de ces bêtes. Ce sont de véritables ombres et un ramassis d'invalides estropiés et blessés, paraissant se traîner à peine sur cette pelouse si verte et si savoureuse. Il faut abandonner vite l'idée qu'on est chez un éleveur où la race chevaline est en honneur. Nulle trace de jeunesse ne se laisse entrevoir ; serait-ce plutôt une retraite ouverte à cette autre catégorie d'*invalides du travail?* Nous n'y sommes

3.

guère mieux : le propriétaire est bien un éleveur, mais un éleveur d'une espèce moins commune et qui est spéciale aux marais; en un mot, c'est un éleveur... de sangsues, dont ces prairies, fournies de vieilles rosses, sont le garde-manger. Oui, ces malheureux serviteurs, quand ils ne peuvent plus travailler et qu'ils ont encore un peu du sentiment vital, avec assez de force pour faire aussi le voyage de Médoc, y viennent prendre une courte et cruelle retraite. Les propriétaires des marais les achètent pour leur appliquer les sangsues. On a découvert que c'était un moyen efficace de pousser au développement de celles-ci et d'accroître rapidement leur nombre. En Hongrie et en Russie, pays des sangsues par excellence, on ne s'en était pas douté. Comme tout se découvre et se perfectionne!

A tour de rôle, les victimes passent de la prairie au marais. Celui-ci est leur tombe, lente mais définitive. Le fossé qui la sépare des prairies, semblable au fleuve de Caron, se passe mais ne se repasse pas. Une espèce de palefrenier-bourreau leur fait auparavant la *toilette* du condamné, détails pénibles à voir que ces derniers apprêts du supplice lent réservé à ces malheureux animaux. On leur coupe les crins, et, de peur qu'ils ne blessent les sangsues, les fers, ces mêmes fers qu'ils n'eurent pas le temps d'user jusqu'au bout au service de l'homme, leur sont arrachés avant d'entrer en marais.

Les gardes préposés aux détails de cette cruelle exploitation ne sont pas des hommes plus barbares que
d'autres ; ils s'endurcissent au métier, qui n'est pas
tout roses pour eux. Ils ont pour huttes des espèces de
guérites au milieu même des marais, dans lesquels ils
régularisent, de jour et de nuit, la position respective
des mangeurs et des mangés. Il est important qu'un
cheval y vive le plus long-temps possible ; la consigne
est donnée pour la prolongation de ses jours. Enfoncé
dans le cloaque, il ne doit pas en sortir, il est vrai,
mais il faut qu'il y mange, qu'il y boive, et non pas
qu'il y étouffe. Lorsque, trop affaibli par la perte du
sang, il s'affaisse sur ses jarrets, tombe et s'étend dans
les vases, voyez avec quelle prompte sollicitude accourt
son cornac pour tâcher de le relever, et quand il n'y
parvient pas, ce qui est l'ordinaire, il lui soulève du
moins la tête et la place sur une espèce d'oreiller pour
qu'il puisse ainsi respirer encore longtemps, et surtout ne pas se noyer ni dans la vase ni dans son sang ;
celui-ci se coagulerait par la mort, et ce ne serait pas le
compte du spéculateur. Il faut, ainsi le veut l'intérêt
de l'homme, que la victime meure d'hémorrhagie et
non pas d'asphyxie.

Après s'être débattue pendant trois ou quatre jours
contre les myriades de sangsues qui la couvrent, elle
rend le dernier soupir avec la dernière goutte de son
sang. Alors les sangsues se détachent d'elles-mêmes du
cadavre, qu'un nouvel industriel se charge de venir
enlever moyennant abandon de la peau.

On dit, mais je ne l'ai pas vu et ne peux l'affirmer, qu'à certaines époques les sangsues sont repues ou n'ont pas d'appétit, et qu'alors, à elles aussi, on emmielle les bords du vase, en couvrant le cheval d'un vernis de miel. C'est pour cela que l'éleveur de sangsues, semblable aux innocents bergers de Virgile, ne dédaigne pas l'industrie de la ruche.

Autrefois on laissait la charogne dans les marais ; elle en diversifiait les miasmes délétères, aggravant ainsi les fièvres pernicieuses et pestilentielles qui, de ces contrées, gagnaient facilement les *chartrons* de Bordeaux. L'autorité, sur les plaintes qui lui furent adressées, exigea l'enlèvement des cadavres et leur inhumation d'une manière plus régulière. Il avait même été question de défendre les moyens de nourrir cette industrie ; des arrêtés, ou plutôt des projets d'arrêtés, avaient été élaborés à la préfecture ; mais les éleveurs de sangsues, parmi lesquels on cite, grâce aux chevaux, de récents millionnaires, sont parvenus à les faire annuler. Ils ont prétendu, et ce n'est pas sans quelque espèce de fondement, que les marais ainsi exploités étaient moins malfaisants et moins dangereux que dans leur ancien état ; car au lieu de se dessécher à la fin de l'été, ce qui est toujours l'occasion des gaz les plus pernicieux, les propriétaires les maintiennent constamment submergés, comme condition rigoureuse et indispensable pour ne pas perdre leurs sangsues.

Restait toujours la question des chevaux jetés vivants en pâture aux sangsues. Celle-là méritait certainement de fixer l'attention publique et de peser d'un grand poids dans la balance. En faveur de leur exploitation, les éleveurs ajoutaient encore qu'ils étaient parvenus à multiplier la *sanguisuga* de façon à tuer la *sangsue-mécanique* et à racheter la France du tribut qu'elle payait jadis à l'étranger ; que sans doute il n'était pas rigoureusement indispensable de leur livrer des animaux vivants à sucer dans les marais, mais que par ce moyen on hâtait beaucoup le développement de l'espèce et sa multiplication ; que, d'autre part, les vieux chevaux hors d'usage et de service, dévolus de tous temps à l'équarrisseur, en avaient pris une grande valeur, puisqu'on payait jusqu'à 50 et 60 francs un animal qui autrefois se donnait à 10 et 15 francs, juste la valeur supposée à son cuir.

On ne peut assurément nier que ces raisons n'aient leur côté plausible et spécieux ; qu'en outre certaines considérations ne militent jusqu'à un certain point en faveur de cette industrie et de ses déplorables moyens de succès. Quel est l'abus qui ne soit défendable sous un point de vue ? Mais combien d'autres plus puissantes considérations, puisées à la fois dans des motifs sérieux et dans des sentiments honorables, ne s'élèvent-elles pas pour condamner cette pratique barbare et révoltante ?

Ces marais à fond tourbeux dont on se vante d'empêcher le desséchement à certaine période annuelle, et qu'on condamne ainsi à rester marais à perpétuité, non pour la salubrité mais pour leurs *habitants*, ne vaudrait-il pas mieux les conquérir à la culture par le drainage et le desséchement, que de les forcer, contre leur propension naturelle et par des irrigations artificielles, à demeurer des cloaques à sangsues? L'hygiène publique et la fécondité de la contrée n'en tireraient-elles pas des avantages plus réels et autrement positifs?

Envisageons maintenant ces véritables hécatombes de chevaux hors de service, ou à peu près sans doute, mais souvent encore pleins de vie et de santé, qu'on ne tue pas pour se débarrasser de bouches inutiles, et qu'on calcule de faire expirer d'une mort lente et pénible, comme dernière exploitation et pour l'accroissement et la prospérité d'une autre espèce animale dont on attend un gain plus profitable.

Les préparatifs, les moyens, le but, tout est révoltant, et dans un siècle qui édicte une législation pour la protection des animaux, on laisse subsister un usage que le moyen-âge barbare eût proscrit, que les sauvages des sables de l'Arabie, des plaines de l'Ukraine et des *pampas* de la Plata ne souffriraient pas. Le cheval, ce noble animal, l'ami de l'homme en toutes les circonstances de sa vie, son serviteur constant dans ses travaux les plus durs, son compagnon de chasse, qui partagea ses périls à la guerre, l'y sauva peut-être de la mort et lui procura la victoire, n'a pas seulement la liberté de mourir en paix quand il est vieux; que dis-je? on lui refuse non-seulement la faculté de s'éteindre de vieillesse, mais on ne lui donne même pas une mort prompte et sans agonie! Le lucre spécule sur tous les battements de ses artères, suppute les gouttes de sang qui coulent encore dans ses veines, compte ses derniers soupirs et les prolonge même par de lâches prévenances, afin qu'il puisse alimenter plus longtemps les bêtes auxquelles il est jeté en pâture.

N'est-ce donc pas maltraiter les animaux dans l'esprit de la loi récemment votée? — Non, répond-on, parce qu'il n'y a pas intention méchante, mais uniquement calcul d'intérêt, comme on crève innocemment les yeux à certains animaux pour les engraisser plus vite, ou comme on donne des maladies à d'autres pour rendre plus volumineuse et plus savoureuse la partie organique recherchée en gastronomie.

Mais le cheval, ce noble animal, ne méritait-il pas une exception?

O vous! qui prisez si fort la gloire de vos écuries! qui jouez sur les jarrets de vos poulains des sommes avec lesquelles

« Vingt familles *au moins* couleraient d'heureux jours; »

qui ne sauriez faire un pas sans cet utile animal

qui vous porte à la promenade, à la chasse, à la guerre; vous qui semblez vous identifier avec lui dans une telle intimité qu'on le croirait votre meilleur ami, ce que vous avez de plus cher au monde, allez parcourir les marais d'où je sors, voyez ce riche spéculateur trouver de nouvelles sources de richesse dans ces nombreux troupeaux de chevaux qu'on appelle ironiquement le *régiment de cavalerie des sangsues;* votre coursier vieilli figure là ; on va comme aux autres lui prodiguer d'abord l'hospitalité au milieu de gras pâturages pour lui rafraîchir le sang et en augmenter le volume; on lui arrache ensuite les parties qui ont conservé une espèce de valeur... Où le conduisez-vous après?—à la mort, au martyre, accompagné d'un exécuteur aussi officieux, aussi complaisant que le médecin préposé à tâter le pouls du patient pendant les douleurs de la torture.

Ah! si jamais vous eûtes véritablement du cœur, si, comme je me plais à le croire, vos sentiments n'étaient pas simplement superficiels ou joués avec vos chevaux, vous ne pourrez endurer un pareil spectacle. Il vous découragerait, vous dégoûterait à jamais d'élever des créatures pouvant faire une si misérable fin à deux pas de ses champs de travail et de gloire. Est-ce un sort digne du noble animal pour lequel Buffon écrivit ces lignes aussi vraies qu'éloquentes ?

« La plus noble conquête que l'homme ait jamais
» faite est celle de ce fier et fougueux animal qui par-

» tage avec lui les fatigues de la guerre et la gloire des
» combats : aussi intrépide que son maître, le cheval
» voit le péril et l'affronte ; il se fait au bruit des ar-
» mes, il l'aime, il le cherche, et s'anime de la même
» ardeur ; il partage aussi ses plaisirs ; à la chasse,
» aux tournois, à la course, il brille, il étincelle. Mais
» docile autant que courageux, il ne se laisse point em-
» porter à son feu ; il sait réprimer ses mouvements ;
» non-seulement il fléchit sous la main de celui qui le
» guide, mais il semble consulter ses désirs, et, obéis-
» sant toujours aux impressions qu'il en reçoit, il se
» précipite, se modère ou s'arrête, et n'agit que pour
» y satisfaire : c'est une créature qui renonce à son
» être pour n'exister que par la volonté d'un autre,
» qui sait même la prévenir ; qui, par la promptitude
» et la précision de ses mouvements, l'exprime et l'exé-
» cute ; qui sent autant qu'on le désire, et ne rend
» qu'autant qu'on veut ; qui, se livrant sans réserve,
» ne se refuse à rien, sert de toutes ses forces, s'excède,
» et même meurt pour mieux obéir ! »

Il meurt pour mieux obéir ! ! ! Y a-t-il un seul mot
à ajouter ?

Obligé d'attendre un jour que le domestique eût
été chercher son maître, *qui était dans le marais*,
je pris un livre sur les rayons de sa bibliothèque ; ce
livre était la *Morale en action*. Le hasard le fit s'ouvrir à l'histoire d'un cheval abandonné dans sa vieil-

lesse et qui, conduit devant un tribunal, y fit condamner son maître à lui donner une honorable retraite sous peine d'être traité comme un déloyal chevalier. Ce passage avait dû être lu puisque le volume s'ouvrit de lui-même à cette anecdote. N'importe, ne voyant pas revenir le maître de la maison, ce grand éleveur de sangsues, je laissai ma carte, sur laquelle j'écrivis :

« J'étais entré pour savoir le prix de vos vins ; je
» sors en vous invitant à relire le passage que je
» marque avec cette carte. »

Je n'ai jamais su ni le prix de son vin, ni s'il avait lu avec profit la *Morale en action*.

Je me suis laissé entraîner à une longue digression, mais qui n'est pas étrangère à mon sujet, car l'élève de la sangsue se fait sur une grande échelle et avec une concurrence acharnée dans les marais du Médoc. C'est à cela que tient le haut prix des rosses. J'ai été tellement impressionné de ces scènes sur les lieux mêmes, que je ne devais pas les passer sous silence. D'ailleurs n'est-ce pas en signalant les mauvaises actions que l'on contribue à les réprimer ? On peut mettre un terme au martyrologe des chevaux, sans tuer l'industrie des sangsues, et c'est pour cela que nous appelons de nouveau l'attention de l'autorité, où le remords et la honte seraient des remèdes lents et probablement inefficaces. Le lucre endurcit trop le cœur.

VI.

En quittant ces marais et au couchant de Ludon,
on arrive au *Pian*, qui n'a que des *bourgeois*, qu'il
expédie tous les ans en Hollande, où l'on prise sa sève
quoique courte. Ses vignobles, placés sur un plateau
graveleux avoisinant les Landes, ne produisent guère
que trois ou quatre cents tonneaux de vin.

Sur les bords de la Garonne, légèrement au-dessus
de son confluent avec la Dordogne, est situé *Macau*,
plus célèbre par ses artichauts que par ses vignes;
cette commune a beaucoup de palus produisant d'é-
normes quantités de vins. Elle a des graves également
qui donnent des vins estimés, très-recherchés aussi par
la Hollande et les villes Anséatiques. L'amélioration du
Médoc commence à poindre ici. Outre le moelleux,
ces vins ont beaucoup de corps et réussissent assez
généralement. Les palus donnent d'excellents vins de
cargaison.

Le bijou de Macau, classé en cinquième, est *Sauves-
Cantemerle*. Cette belle propriété patrimoniale de la
famille de Villeneuve, a ses vins vendus d'avance, par

marchés séculaires avec Amsterdam, qui les accapare et qui les tient pour premières marques. Il est à re-marquer que les vins ne sont pas de qualité seulement *absolue*, mais qu'ils ont des vertus *relatives* plus ou moins prononcées. Ainsi, tel vin jugé supérieur dans un pays, serait inférieur dans un autre et *vice versâ.* Le climat où l'on consomme le vin agit énormément sur sa qualité. La *classification* bordelaise n'est que pour la localité, et le mérite du commerçant est de savoir distinguer les vins, non-seulement d'après leur origine, mais aussi pour la fin qu'ils doivent faire. N'en est-il pas de même des hommes ? aptes à montrer du mérite quand ils sont à leur place, et ne paraissant qu'ânes et crétins quand ils sont obligés de graviter au pôle opposé.

Le château de Cantemerle, quoique très-irrégulier dans sa construction, est situé au milieu des bois et des eaux dans un site des plus agréables, Sa proximité de Bordeaux, où l'on peut se rendre en une heure sans les voies ferrées, encore inconnues dans le Médoc, lui donne un nouveau prix comme résidence. Pendant l'émigration, une grande partie de ce domaine fut confisquée, et quoiqu'un demi-siècle de tranquille possession entre les mains de ses vieux tenanciers se soit écoulé, la totalité des traces de la confiscation ré-volutionnaire ne sont pas effacées.

A demi oriental, le château de *Gironville*, apparte-nant à M. Dufour-Dubergier, l'ancien maire de Bor-

deaux si dévoué à Louis-Philippe, fait partie de cette
même commune de Macau. Il est plus remarquable
par son antiquité que par les fruits de son vignoble,
qui ne sont que de race très-ordinaire. Hâtons-nous
d'ajouter que le châtelain actuel, qui est le plus gros
marchand de vins de Bordeaux, pratique trop délica-
tement les devoirs de l'hospitalité pour condamner
ceux qu'il invite aux produits du cru; un de ses amis
l'a dit :

« Il vante fort son vin, mais il n'en donne pas. »

Brûlons vite *Arsac*, malgré le cru du *Tertre*, qui
touche aux quatrièmes, et approchons-nous de la terre
promise. Encore Labarde à traverser et qui nous présente déjà le joli vin de *Giscours*, classé au troisième
rang. Le château, au milieu d'un parc anglais que
M. de Pescatore a fait considérablement embellir,
mérite d'autant plus de fixer l'attention, que le tou-
riste, dans ces contrées de vignes, de landes et de
marais, n'aura pas l'avantage d'en heurter de pareils
à chaque pas.

Après un tout petit marais, sans sangsues, nous
sommes à Cantenac :

« Voilà ce sol fameux, ce terrain si vanté
Qui ne semble frappé que de stérilité;

> Mais dont le flanc brûlant dans sa moindre parcelle,
> D'un germe précieux renferme l'étincelle. »

Son plateau ne fait qu'un avec celui de Margaux :

> « Deux jumeaux siamois ne sont pas plus unis. »

C'est bien là le cœur du Médoc. Il n'y a pas moyen dans tout ce qui en fait partie, de vendanger une mauvaise bouteille de vin. Administrativement on a fait deux communes de Cantenac et de Margaux, mais viticulturement on n'en fait qu'une seule et unique, dont le pas de l'homme imprimé dans le sentier a marqué la séparation :

> « Ni ravins, ni cours d'eau ne se placent entre elles. »

Pour procéder légalement, ne parlons d'abord que de la partie sud-ouest du plateau qui a nom de Cantenac, quoique le terrain soit exactement le même que celui du nord-est, qui a nom de Margaux, et que les propriétaires de ces deux riches communes aient tous leurs rangs de vignes indifféremment mêlés et confondus sur les deux versants du plateau.

Tout a de la distinction à Cantenac, et à peine un petit nombre de *bourgeois* et des *paysans* encore plus microscopiques sont-ils parvenus à faire tache à son blason. Les principaux crus, tous classés, sont d'abord *Gorce*, qui n'est qu'au second rang (Cantenac n'a pas de numéro un). Après avoir vendu *Mouton*, cru patrimonial du baron de Brannes, son fils acheta *Gorce*, où il ne récolte ni autant ni aussi bon.

Au troisième rang viennent, dans la classification *ex æquo :* le vieux château d'*Issan,* aux sept flèches aiguës, *Brown-Fruitier, le Prieuré, Chavaille.* Mais le plus considérable de tous est aujourd'hui *Palmer,* domaine construit de pièces et de morceaux par un colonel anglais, il y a à peine un demi-siècle. S'il manque encore de quartiers de noblesse, il ne pèche pas autant par les qualités personnelles, et du quatrième rang nous l'attendons prochainement au troisième.

Il languissait aux mains de la Caisse hypothécaire, lorsque l'idée vint à un banquier de Paris de se mettre cette bague au doigt. Le nouveau propriétaire vient d'ajouter vingt hectares, qu'il fait planter de vignes, aux soixante-cinq déjà groupés par le colonel Palmer.

En moins d'une année un magnifique château a été élevé, flanqué de quatre élégantes tourelles, au lieu et place de la vieille masure,

« Dont à peine usa-t-il des gothiques moellons. »

Monsieur Emile Pereire, plus de vingt fois millionnaire, dit-on, a bien pu faire en peu de mois sur ses terres, ce qu'il a fait en si peu de jours dans le plus beau quartier de Paris, à l'éclat de la lumière électrique; mais il ne lui sera pas aussi loisible d'entourer de frais ombrages sa nouvelle résidence du Médoc. Elle est tout-à-fait privée de bois, et de plus elle subit l'énorme inconvénient d'être édifiée sur le bord de la grande route. Les deux pavillons à droite et à gauche du corps de logis principal soutiennent à leurs balcons dorés les fils du télégraphe électrique, comme s'ils avaient été plantés là en guise d'armoiries sur l'*écu* de **M.** Pereire, pour attester les avantages qu'une subtile intelligence financière avait su retirer au passage de la brillante découverte de notre âge pour la prompte transmission des nouvelles.

La poussière sera pendant l'été le grand fléau des nouveaux châtelains. « La montagne ne va pas au prophète, a dit l'Écriture, mais le prophète va à la montagne ; eh bien ! si le château de Palmer ne peut pas s'éloigner de la grande route, celle-ci peut être éloignée du château. C'est à quoi l'on travaille, et ce sera d'autant plus facile, en payant les frais, que le tracé primitif de cette route départementale, en passant à quelques centaines de mètres de là, raccourcissait la distance entre les deux points extrêmes.

Enfin, **M.** Pereire a la puissance des écus, et peut faire comme feu La Poupelinière (*ce lingot qui se pose en connaisseur des arts parce qu'il a de quoi acheter des tableaux*), qui prétendait qu'il n'avait qu'à ouvrir la main pour changer les montagnes en vallées et les vallées en montagnes.

> « Ce Palmer, dirigé par une main indigne,
> Commençait à pâlir malgré sa noble vigne ;

Un mélange odieux de mauvais paysans
L'avait fait reléguer au rang des artisans,
Mais par une autre main dégagé de son voile,
Nous reverrons briller son ancienne étoile. »
                                    (P. BIARNEZ.)

Margaux a sur Cantenac l'avantage d'avoir l'étoile à son firmament. Nommer Château–Margaux suffit : le monde dit le reste. Dans les années mal réussies, ce grand cru participe de la délicatesse de tout le vignoble de Margaux, et se montre inférieur en quantité comme en qualité aux rivaux qu'on lui donne ; mais en revanche, dans les grandes années il les écrase tous, et n'a rien qui lui soit comparable dans l'univers entier.

Autour du Château combien d'autres grands crus quoique classés au second et au troisième rang! Les deux *Rauzan* marchent les égaux du Château. Les vignes sont de plants excellents, vieilles et parfaitement entretenues dans l'un et l'autre *Rauzan*. On voit bien que de tous temps la vigne a eu là tous les honneurs, car comme bâtiments et autres cultures, ces propriétés n'ont aucune apparence. *Durefort-Puységur* ne cède rien à ses deux voisins *Rauzan*. C'est une émulation à confondre et à désespérer le dégustateur. Après eux et le petit cru de *Lascombe*, que feu le très-intelligent Hue, maître de l'*Hôtel de Rouen et de France* à Bordeaux, avait acquis pour donner du relief à ses caves, viennent en foule au

4

troisième rang les clos de *Malescot, Desmirail, Dubignon*, etc. *Detherme* à Solberg, malgré son excellence, n'est qu'au quatrième.

M. Fourcade a réuni *Malescot* au cru de Mlle de Lacolonie et en a fait une des propriétés les plus considérables. M. Sipière, négociant de Paris, dont le respectable père fut notre ami et un constant amateur des échecs, vient de se passer la fantaisie d'être propriétaire en Médoc. Pour moins de 170 mille francs, il a acquis la délicieuse propriété de M. Desmirail au milieu du bourg de Margaux, à deux pas du Château. On prétend que M. Desmirail, atteint de graves désastres dans sa fortune, en était dégoûté déjà, par suite de rumeurs accréditées et envenimées l'accusant d'avoir donné l'hospitalité dans ses *chais* à des vins que ses vignes n'avaient pas produits. On en concluait qu'il s'était *mésallié*. C'est une très-grave accusation dans ces vignobles où la qualité est tout ; malheureusement le public, jaloux et soupçonneux, accueille avec la même facilité, au village et dans la grande ville, ce qui peut nuire au prochain. Malheur à la conscience irréprochable assez faible pour s'en affecter et ne savoir pas attendre le jour des redressements !

Nous ne voulons ni propager de faux bruits, ni faire le métier de redresseur de torts. Pour M. Desmirail, que nous avons particulièrement connu, nous repoussons la calomnie. Pour d'autres nous sommes

moins portés à l'indulgence, et nous nous bornons à
passer leurs crus sous silence. Libre à eux de l'impu-
ter à oubli.

En général, il est peu d'habitations en Médoc qui
réunissent comme Desmirail l'*utile dulci*. Il est un
diminutif du splendide Château-Margaux, dont les
bocages partagent avec lui les douces brises, la
fraîcheur des fontaines et les chants joyeux des rossignols et des fauvettes qui peuplent ses retraites.

Château-Margaux, dont l'énorme et massif bâtiment s'élève au milieu des bois et des prairies descendant par une inclinaison insensible jusqu'au bord
du fleuve, a ses vignes plantées sur des terrains légèrement ondulés; à l'exception de deux grandes
pièces, les autres rangs de ceps sont morcelés et enclavés parmi les vignerons voisins, à Margaux et à
Cantenac, avec lesquels ils se mêlent et se confon-
dent peu aristocratiquement. C'est l'ensemble qui
produit l'incomparable nectar.... quand l'année a
été favorable.

Le Château-Margaux fit partie de la succession
de M. Aguado, marquis de Las Marismas, qui l'avait
acquis de M. de La Colonilla. C'est à propos de cette
même succession, évaluée à 17 millions, que nous
entendîmes sortir de la bouche d'un autre marquis,
(celui de La Pailleterie) ce mot charmant du baron
James de Rothschild : « Je croyais Aguado plus à
son aise. »

Pendant une froide matinée de l'hiver 1821-1822, j'étais entré chez une de mes vieilles connaissances, M...., pharmacien, rue Laffitte, avec lequel nous faisions de la politique libérale. Il me demanda si j'avais un quart d'heure à donner pour aller avec lui signer, comme témoin, jusque chez le commissaire de police, un certificat à l'effet de faire toucher l'allocation accordée aux réfugiés espagnols, à un pauvre diable qu'il me montra grelottant au coin du poêle.

Nous allâmes tous trois chez l'honnête magistrat, et aussitôt que la formalité de ma signature sur ses registres fut accomplie, je m'échappai, sans retenir même le nom de cette victime des troubles politiques et sans attendre ses remerciements. Pendant cinq ou six ans, ma pensée ne se reporta seulement pas une fois sur cet incident.

Je rencontrai un soir M... au foyer du Théâtre-Français. Comme il avait éprouvé de grands désastres commerciaux dans l'intervalle qui s'était écoulé depuis notre visite chez le commissaire de police, je m'attendais à des détails lamentables sur ses malheurs ; bien au contraire, il m'aborda d'un air triomphant : « Eh bien ! j'espère que c'est une fameuse fortune ! —De quelle fortune et de qui voulez-vous donc parler ? — Parbleu ! d'Aguado, qui est devenu plusieurs fois millionnaire ; ne vous souvient-il plus de sa position en 1821 ? » Il aida ma mémoire, et je me rappelai alors confusément le certificat, un peu le commissaire de police, et presque point le réfugié. Je ne crois pas que l'occasion me l'ait fait revoir même millionnaire, et je serais bien en peine s'il fallait dépeindre le pauvre ou le riche Aguado.

Ce qu'il y a de positif, c'est que cet habile financier était loin d'être un homme ordinaire. Il faut même du génie, tranchons le mot, pour monter aussi subitement à une immense fortune, quoique le hasard y soit pour beaucoup ; mais il sut aussi la conserver et même l'augmenter après, ce qui prouve combien, dans son genre, il était éminent et complet (1).

Aguado resta en outre toujours bon et serviable pour ses anciennes connaissances. Un autre pharmacien (je n'en sors pas) M. Fauché, mon concitoyen, qui

(1) La fortune porte avec soi sa récompense, tandis que ceux dont le génie a amené les découvertes utiles à l'humanité entière en ont été souvent payés de leur vivant par l'ingratitude et l'envie, et ceux dont les découvertes avaient été la conquête de nouveaux mondes, quand ils n'ont pas péri à la peine, ne sont rentrés que chargés de fers dans leur patrie ou pour y périr dans la misère et dans l'oubli. Ceci touche à l'histoire espagnole. Enfin, comme le dit le spirituel compatriote d'Aguado, ce Figaro qui a tant d'esprit et des observations si justes : « Il m'a fallu déployer » plus de science et de calculs pour subsister seulement, » qu'on n'en a mis depuis cent ans à gouverner toutes les » Espagnes.» Après cela le mot *génie* est-il trop fort, appliqué à ceux qui ont jusqu'aux monarques à leur solde ?

4.

était chargé du service en chef des Invalides, continua de le voir et ne tarissait pas sur sa libéralité envers les artistes; Pollion ne lui était pas comparable.
Il vantait sans cesse sa façon de donner l'hospitalité,
ce qui devrait faire supposer que les traditions se sont
bien perdues dans le marquisat de Las Marismas, ou
que le *genus irritabile* du poète gascon ne doit pas
être pris au pied de la lettre, lorsqu'il ose publier que
le jaloux possesseur de Château-Margaux :

« Oubliant aujourd'hui sa fortune première,
Refuse au voyageur sa table hospitalière. »

(BIARNEZ).

Pendant dix années, qui sont expirées depuis peu,
les propriétaires de Château-Margaux, comme ceux
de *Latour*, avaient aliéné à l'avance leurs récoltes
par abonnement, bon an mal an, à raison de deux mille
cinq cents francs le tonneau. Le Château-Lafitte n'a-
vait pas commis la même faute, aussi a-t-il été le ré-
gulateur du commerce pendant ces dix années.

Depuis que ces grands crus ont reconquis leur liberté, ils ont fait deux mauvaises récoltes : en 1853
pour la qualité, en 1854 pour la quantité. La première est si détestable qu'elle est encore intacte, et
celle de 1854, qu'on proclame exquise, fut tout au
plus un dixième de récolte. Elle est perdue dans l'im-
mensité de ce vastes *chais* dépeuplés. Le Château-
Lafitte et Mouton ont établi les prix des 1854, en

vendant cinq mille francs le tonneau au premier sou-
tirage. Quoique, de mémoire d'homme, on n'ait jamais vu le vin nouveau vendu à si haut prix, les propriétaires de Château-Margaux ont refusé les leurs :
ils demandent six mille francs !

Que la paix se signe, et ils obtiendront tout de
suite le prix demandé.

En sortant de ces communes d'une si rare perfection viticole, on recommence à décliner sur toute la
largeur du vignoble jusqu'à la fin de l'arrondissement de Bordeaux, soit qu'on aille dans le Nord en
longeant la côte, à Soussans, Arcins, Lamarque et
Cussac, soit qu'on se dirige au Couchant dans ce
qu'on appelle le *derrière du Médoc*, à Aversan,
Moulis, Castelnau et Listrac. Presque toutes ces
communes ont de jolis crus, mais c'est la comparaison avec les grands vins de Margaux et de Cantenac
et avec ceux qu'on va retrouver plus loin, qui les
écrase et les tue.

Nous avons passé quelques heures dans la belle
propriété de M. Subercazeaux à Arcins, qui longe
le côté gauche de la grande route. Ses vins n'ont pas
d'illustration, et cependant il sait parfaitement les
traiter et en produire d'immenses quantités. Son cu-
vier seul mériterait d'être visité et d'être pris pour

modèle. Il est disposé à la fois de façon à ménager les forces humaines et à accélérer le passage de la vendange de l'état de fruit à l'état de liquide. On ne se préoccupe généralement pas assez dans tous les *chais*, de l'importance de cette rapidité, si conservatrice de la saveur et de l'arôme.

Le château d'Arcins n'est pas exclusivement consacré au culte de Bacchus ; comme il est très bien partagé sous le rapport des pâturages, on y compte de nombreux élèves de la race chevaline, qui en sortent d'autant plus remarquablement éduqués, que M. Subercazeaux les produit tous les ans sur le *turf* de l'hippodrome bordelais, où ils ont souvent été couronnés, soit dit sans calembour.

Bordeaux commence à se distinguer dans les courses plates et le steeple-chase ; il compte un bon nombre de *sportmen* et de *gentlemen-riders*, et deux établissements à Mérignac et à Eysine sont à peine devenus suffisants pour les exercices équestres. M. Subercazeaux, quoiqu'il n'ait pas commencé cette année sous des auspices favorables, est riche de ses précédents succès ; il prendra certainement une éclatante revanche ; aussi n'en montre-t-il pas une ardeur moins soutenue, qui le rend digne de tous les encouragements et des éloges que nous avons lus de lui dans les colonnes du *Sport*, le meilleur juge en ces matières.

Cussac est la dernière commune de l'arrondissement de Bordeaux. Le reste du Médoc appartient à Lesparre. Les vins de Cussac sont assez pourvus de bouquet et semblent participer de Saint-Julien auquel ils touchent. Le meilleur est celui de *Lannessan*, à M. Delbos; beaucoup de vins en cinquième ne le valent point et ne se vendent pas mieux.

Dans la partie occidentale avoisinant les landes, telles qu'Aversan, se trouve le château de *Ciran*, anciennement à la famille Larochejaquelein : le propriétaire y fut plus distingué que le vin. C'est peut-être le vignoble qui donne la quantité la plus considérable de tout le Médoc. On y a fait plus de 300 tonneaux (près de 3,000 hectolitres). Castelnau borde la route des grandes landes et améliore journellement ses produits. Listrac, avec un plateau qui est dans une des plus belles expositions du Médoc, n'a pourtant pas un seul cru classé.

Il faut maintenant traverser ce long marais de Beychevelle pour arriver à Saint-Julien, arrondissement de Lesparre, sur le territoire duquel se trouve d'abord au Levant, le beau château de Beychevelle. Là recommencent les grands vins, et après une lacune de 10 kilomètres, voici retrouvées les riches graves de Cantenac et de Margaux.

VII.

Le château de Beychevelle est dans une position royale. Ses vignes et leurs produits sont remarquables ; mais la vue prise du château est quelque chose de grandiose, et la façon dont il domine la rivière rappelle son ancienne autorité féodale, qui obligeait toutes les embarcations naviguant sur le fleuve à baisser leurs voiles pour saluer au passage le château seigneurial ; de là son nom de Beychevelle, qui veut dire en patois *Baisse-voiles*. On voit encore là les vestiges de sa puissance dans les débris de quelques vieux canons, semblant attester qu'au besoin les barons de Beychevelle savaient appuyer leurs droits sur la force. Les priviléges aristocratiques ont disparu ; les seuls qui subsistent toujours sont ceux inhérents à la haute respectabilité commerciale de la maison Guestier, depuis long-temps en possession de cet excellent cru. Il n'est pourtant qu'un quatrième ; mais plus d'un troisième ne se comporte pas avec autant de distinction. De fort loin l'œil du voyageur est attiré par l'aspect imposant du château, posé sur une terrasse en amphithéâtre, dont les jardins se prolongent en descendant graduellement jusque sur les prairies baignées des flots de la Gironde.

On aperçoit aussi de tous côtés et d'une grande distance le clocher élevé de l'église Saint-Julien. Certainement il est à cette petite paroisse plus que les tours de Notre-Dame ne sont à Paris. Le monument entier, quoique trop resserré par les maisons dont il est entouré, est un beau morceau architectural ; mais ce qu'il y a de plus extraordinaire est la date de son inauguration, 1848 ! qu'on ne veut généralement considérer que comme une année de dévastation et non pas d'édification. Qu'il soit au moins pris bonne note de cette exception !

A la sortie du village de Beychevelle, en levant les yeux, vous faites face au château de *Fonbedeau*, plus connu sous le nom de *Gruau-Larose*, et dont le principal propriétaire, M. Sarget, associé de la célèbre maison Balguerie, fut créé baron par un avant-dernier acte de Charles X. Pourquoi la main de cet infortuné monarque ne se sécha-t-elle pas aussitôt après ?

On a voulu conserver à ce domaine le nom de son précédent propriétaire, qui était M. Larose, possesseur aussi des deux autres crus, moins remarquables quoique très-bons, de *Trentaudon* et *Perganson*. Le château de *Gruau-Larose* est sur la crête même du coteau dont le principal plateau, penchant vers le midi, s'étend depuis *Saint-Pierre* jusqu'aux premières vignes de *Lagrange*. On n'a jamais disputé à

Gruau-Larose d'être un des meilleurs seconds grands vins, et c'est en outre celui de cette classe qui donne les plus fortes quantités.

Langoa-Barton n'est placé qu'un cran plus bas, mais le domaine est magnifique dans son ensemble. C'est là qu'intérieurement et qu'extérieurement le comfort de la vie est le mieux entendu.

Le style du château est correct et gracieux ; il est entouré d'une garenne d'arbres séculaires, et, de leur côté, les vignes et le lierre semblent lutter à qui cachera le mieux la pierre sous l'éclat de leurs pampres verts. Comme propriétaire et négociant, M. Barton est également associé ou co-partageant avec les maisons les plus honorables.

Voici auprès de Beychevelle, un autre château en parfaite opposition avec le verdoyant Langoa. Tout y est roc et pierre, sol et sous-sol ne sont que cailloux. On s'étonne qu'il reste assez de terre végétale dans cette forte et grosse grave pour les racines de la vigne (1). Cependant ce vignoble, dont le penchant hume si bien tous les rayons du soleil levant, et n'en est nullement

---

(1) La réverbération calorique des silex est favorable à la maturation, et néanmoins la grave est tellement épaisse à *Beaucaillou*, qu'on est obligé d'en extraire du vignoble, sans craindre d'avoir plus tard à l'y rapporter, comme je ne sais plus quel propriétaire des environs qui, depuis qu'il avait éclairci les pierres de sa vigne, remarquait que les raisins n'y mûrissaient plus.

privé au Midi et au Couchant, mûrit des grappes délicieuses et pousse toujours *Beaucaillou*, propriété en indivis de MM. Ducru et Ravez, du troisième rang vers le second. Il y arrivera, malgré le goût de sel qu'on lui reproche, et qui n'altère, disent bien des gourmets, que parce que c'est un goût de *Revenez-y.* « J'en veux goûter encore. »

M. Barton, déjà cité comme propriétaire de *Langoa,* possède en outre le plus petit tiers du fameux vignoble de *Léoville.* M. le baron de Poyféré et M. le marquis de Las Cases ont le reste ; ce dernier à lui seul a plus de la moitié de ce vignoble, où rien n'est inférieur. Quel que soit le nom du propriétaire, c'est toujours du *Château-Léoville*, un des seconds grands vins. Il n'y a pas de choix et tout est également supérieur. Le clos de M. de Las Cases, à sa sortie Nord de Saint-Julien, séparé de la route par une haute muraille percée d'une espèce de porte triomphale, s'étend d'un seul morceau jusqu'aux vignes de *Latour.* Il ne manque à cette croupe élevée et arrondie que des pentes au Midi.

Le château de *Lagrange*, un peu sur le derrière du Médoc, en allant vers Saint-Laurent et les landes, dont il sent déjà le parfum de résine et de tamarin, est le plus grand domaine classé du Médoc. Il fut avantageusement acquis par M. le comte Duchâtel au temps de ses grandeurs. Un de mes souvenirs personnels se rattache à cette acquisition. Le général Ventura, à son retour de l'Inde, témoignait le désir de placer un million sur une propriété immobilière en France. J'avais entendu parler du besoin qu'avait de vendre promptement et au comptant M. Brown, propriétaire de *Lagrange-Cabarrus*. J'en fis part au général qui me pria d'écrire à Bordeaux pour obtenir des renseignements plus précis. Aussitôt que je reçus la réponse, le général partit lui-même pour Bordeaux. Le voyage, sans doute, dérangea les projets de cette imagination italienne et changeante; arrivé à Bordeaux, il n'y vit seulement pas notre correspondant, et en repartit douze heures après, temps qu'il avait employé à ses plaisirs pendant ce voyage projeté pour une grande affaire. Le riche Modénois a eu d'autant plus tort de ne pas contracter ce marché, que M. Duchâtel, avec moins d'un million, a fait une excellente opération. Depuis qu'une révolution lui enleva le pouvoir, cet ancien ministre de Louis-Philippe a consacré une partie de ses hautes facultés à l'administration de son domaine. Son vin, jadis au quatrième rang, a monté en troisième. Est-il bien sûr que ce soit là son apogée?

Le voisinage des landes, dont j'ai déjà parlé, et sur lesquelles M. Brown fit des conquêtes aujourd'hui en plein rapport, n'enlève rien à l'agrément de cette propriété étendue, où il y a beaucoup de tout, en bois, en prairies ; les eaux y coulent à profusion ; elles y sont d'autant mieux alimentées, qu'outre les sources des fontaines, elles dégorgent de toutes parts par les conduits de drainage. M. Duchâtel a été le grand importateur de cette innovation empruntée à l'Angleterre et à l'Ecosse. Les Médocains n'ignoraient certainement pas les dangers que court la vigne quand ses pieds trempent dans un sous-sol mouillé, et, de temps immémorial, ils avaient pratiqué des saignées ou des aquéducs, plus ou moins parfaits, mais insuffisants et ruineux. Non-seulement ils ont pu voir les effets du desséchement perfectionné par le drainage chez M. Duchâtel, mais encore ils ont pu s'y procurer les moyens matériels de l'imiter par de semblables assainissements.

Il a été monté à *Lagrange* une fabrique de tuyaux de drainage à l'aide de la terre à brique très-commune aux environs; cette fabrique, mue par un petit manége, peut livrer par jour trois mille mètres de tuyaux. La machine qui façonne ces conduits, de 9 à 15 centimètres de circonférence, et qui ne serait pas indigne de l'Exposition universelle, est aussi simple qu'ingénieuse. Des enfants suffisent à la faire fonctionner. Un prix est offert par le département à celui des fabricants de *drains* qui livrera au meilleur marché. Il ne peut être douteux, qu'avec son antériorité, sa mise en train, sa machine, etc., il ne manque que la volonté à M. Duchâtel pour enlever le prix offert par ses concitoyens.

L'année 1854, si peu prodigue envers les vignerons, a été pour *Lagrange* moins cruelle que pour
beaucoup de ses voisins. On y a fait près de 30 tonneaux de vin réussi dont il a été offert 3,000 fr. du
tonneau ; mais, d'après le classement comme troisième, les premiers crus ayant rendu 5,000 francs, le
propriétaire de *Lagrange* ne devait pas céder au-
dessous de 3,500 fr.; il se fût exposé à retomber en
quatrième. Nous l'avons déjà rappelé : « Noblesse
oblige. » Il ne s'est pas encore présenté d'acquéreur
à 3,500 fr., et tout va dépendre à présent du soleil
de 1855.

Le château de *Lagrange* est vaste, régulier et com-
mode, et il est entouré de façon à en rendre le séjour
agréable pendant la belle saison. En hiver seulement,
il est isolé, triste et bien mouillé. Les *prix-faits* (vignerons) sont logés dans un long bâtiment ayant par
son uniformité un premier aspect de caserne, mais auquel est joint le comfort de la *cité-ouvrière*. Chaque
famille y jouit de chambres séparées et d'un petit
bout de jardin ; c'est sain et propre.

Trop près du château a été construit un nouveau
chai qui dépare le bâtiment principal. Il faut faire
exhausser davantage ce chai et le couvrir en ardoises,
si l'on veut sauver les défauts du disparate actuel
entre la vieille et la nouvelle construction.

Nous n'avons pas eu le temps de pousser jusqu'à

Liversan, chez les héritiers Danglade. Ce cru est le premier de la commune de Saint-Sauveur, au milieu des landes et des bois ; il produit de bons vins, surtout pour la localité, et qui sont avantageusement placés dans la cinquième classe.

Entre *Lagrange* et Saint-Laurent, et faisant partie de cette commune, est *Latour de Carnet*, ancien château féodal bâti sur le bord d'un marais. Le vin y est regardé, depuis long-temps, comme *la perle* de Saint-Laurent. Autrefois en troisième, il est pourtant descendu d'un cran, à l'inverse de son voisin *Lagrange,* avec lequel il a ainsi permuté, et ce n'a été que justice. Je ne sais s'il y a prévention chez moi, mais je trouve au vin de *Carnet* quelque chose de sauvage comme le site où il croît.

Au centre de Saint-Julien se développe *Talbot*, au noble marquis d'Aux. Son vin, comme celui de Langoa, son plus proche voisin, est dans les quatrièmes grands crus ; il est d'une délicatesse et d'une légèreté charmantes.

Duluc aîné, et le joli vignoble de *Saint-Pierre* surtout, qui est divisé entre trois propriétaires au beau milieu du village de Beychevelle, n'ont obtenu que bien stricte justice quand ils furent aussi placés aux quatrièmes, car beaucoup de troisièmes ne valent réellement pas mieux. Tout dépend de l'année.

Et cependant, ce territoire de Saint-Julien, si justement vanté, n'a pas un premier grand cru ; mais, en revanche, sur neuf de seconds grands vins, il en possède autant que Margaux et plus que Pauillac. Que Pauillac ! le Parangon du Médoc auquel nous arrivons, et qui a sur son territoire trois des quatre grands premiers crus !

VIII.

Après avoir dépassé la dernière borne septentrionale de Saint-Julien, on est entré sur la commune de *Saint-Lambert*, qui a été définitivement annexée à celle de Pauillac, et qui ne forme plus avec elle qu'une seule et même commune. C'est une alliance d'autant mieux assortie que les conjoints étaient riches tous deux et pleins d'excellentes qualités assez semblables. Nous ne désignerons désormais que sous le nom de Pauillac, le hameau de Saint-Lambert qui n'est plus au rang des communes.

Pauillac a foncièrement le même sol que Margaux et Saint-Julien ; cependant, étant plus vigoureux, il donne des produits plus abondants et plus *corsés* (1). La grave y est forte, le sous-sol caillouteux et l'*alios*

(1) *Corsé* n'est pas un mot admis par l'Académie ; mais il est tellement usité dans tous les vignobles pour désigner un vin qui a du corps, que nous demandons la permission de le conserver comme terme technique ou pratique.

ferrugineux plus profond. La couche végétale, étant plus épaisse, maintient ses productions plus long-temps. En résumé, les vignes, pourvues d'une com-plexion plus forte, impriment à leurs produits ces mêmes qualités sans que la délicatesse, la finesse et la distinction aient à en souffrir.

Les deux premières constructions en face desquel-les on se trouve, qu'on se tourne à droite ou à gauche de la grande route, sont à la famille Pichon de Lon-gueville. Le baron actuel, ne s'étant pas contenté du manoir paternel, a fait élever, il y a moins de six ans, un élégant château qui passe avec raison pour une des belles résidences du Médoc. Il est bâti sur le ter-rain même de l'ancienne maison, et entouré, comme elle l'était, de ses bois et de ses gazons. Le voyageur s'incline devant cette charmante oasis au milieu de tant de vastes landes de vignes. De l'autre côté de la route est un second château aussi important, mais de moins bon goût, qui a été construit pour les sœurs de M. Pi-chon. A la mort du vieux baron, qui s'éteignit nona-génaire, son domaine, d'un seul tenant, dût subir la loi du morcellement. Cependant, le partage n'a pas empêché que le vin ne continuât à se faire en com-mun; il conserve ainsi toute la grande réputation qu'il mérite si bien à tous égards. Il n'est, en défini-tive, que la partie méridionale du plateau dont le célèbre *Latour* occupe le levant. Quelques rangs de ses vignes s'étendent aussi jusque sur le territoire de Saint-Julien.

M. le baron Pichon administre le domaine entier, en homme très-entendu. Ce n'est pas que les femmes de cette illustre famille des Longueville aient dégénéré de leur antique célébrité. La chanoinesse actuelle, Sophie de Longueville, a doté l'église de Pauillac d'un Christ au Calvaire qui, sans effacer les toiles immortelles de Rubens et de Van-Dyck, n'est pas moins une *bonne œuvre* dans les diverses acceptions du mot, et la meilleure dans tous les cas de cette église de *Bon-Secours* à Pauillac. Dans ce don pieux, le sentiment qui inspira et la main qui exécuta sont beaucoup plus méritoires qu'une illustration fondée sur l'empire de la grâce et de la beauté, employé en intrigues frondant et soufflant le feu des guerres civiles.

Les *chais* de Pichon sont les mieux fournis du Médoc en récoltes diversifiées. Il y en a pour tous les goûts ; mais elles sont tenues à des prix qui expliquent leur présence dans la cave du propriétaire, malgré leur supériorité et la rareté des vins. Si M. le baron connaît très-bien son métier de propriétaire, il n'est pas pour cela complétement étranger à celui du négociant. On ne craint plus de déroger depuis qu'on n'a pas toujours, comme les ancêtres du noble baron, l'épée au côté, même quand on faisait simplement vendanger les vignobles donnant un des premiers seconds grands vins.

Entre Pichon et la Gironde, ce monument rond a servi de parrain à un des vins les plus haut placés : à

Latour, qu'on appelle aussi le *Château–Latour.* Je vois bien la tour, disait une demoiselle d'une délicieuse ingénuité, mais je cherche en vain le château. Il ne s'y trouve en effet d'autre habitation, pour la trinité qui le possède en indivis, **MM.** de Beaumont, de Flers et de Courtivron, que deux petites pièces proprement, mais plus que simplement meublées. Ce n'est pas là que *Latour* met sa gloire ; elle n'est pas non plus dans les souvenirs féodaux que retrace cette tour très–ancienne. Aujourd'hui, sans destination sur la propriété, elle est surmontée d'un mât, et l'on prétend qu'une servitude publique est restée incombante à la vieille tour : elle doit fournir un point de reconnaissance aux navigateurs sur le fleuve qui coule au pied du plateau qu'elle domine.

Latour, quoi qu'il en soit, a des titres autrement sérieux dans le monde. Il produit un des trois plus grands vins du Médoc, et partage ou dispute la prééminence aux châteaux Margaux et Lafitte. Comme il a plus de corps que ses rivaux, il est plus long à arriver au point de maturité, mais aussi dure-t-il plus longtemps. L'Angleterre, qui aime les vins *charnus* (style des courtiers bordelais), boit presque la totalité de *Latour.* Cet excellent vin est celui qui a le plus contribué à faire cesser la vieille habitude qu'avaient nos voisins d'outre–Manche de mélanger nos vins délicats du Médoc avec de l'Hermitage. Aujourd'hui, les Anglais boivent le vin de Bordeaux en nature, comme

5.

nous.... quand nous pouvons. Seulement, ils nous laissent les récoltes qui ont de l'acidité et de la verdeur, et n'enlèvent que celles des bonnes années. On peut affirmer que ce sont eux qui boivent le meilleur vin de Bordeaux, et qui en prennent le plus en bouteilles. Autrement, comme quantité en cercles, on sera surpris d'apprendre qu'ils en consomment, en Angleterre, un tiers de moins que la Russie. Ceci est constaté par les tableaux officiels de la douane, pour les sept dernières années qui ont précédé la guerre actuelle avec le *colosse du Nord.* C'est un des nombreux motifs qui rendent chère aux Bordelais l'inscription qu'ils ont si heureusement gravée dans leur Bourse en lettres d'or : « L'Empire, c'est la paix. (1) »

Le clos de *Latour* a l'avantage d'être en un seul morceau, sans enclave étrangère ; il est chez lui, fermé de haies vives, et séparé de ses voisins par des fossés ; il n'est pas coupé de chemins publics ni *encanaillé* de ceps étrangers. Le plateau, qui ne fait qu'un avec celui de Pichon au Couchant, est au Midi séparé par un simple ruisseau de la commune de Saint-Julien. Les pentes principales étant au Levant sur la rivière, il reçoit à la fois les influences du soleil et des eaux.

(1) Pour le commerce et même pour la prospérité des vignes et des vins, c'est encore la paix non pas à tout prix, mais avant tout, au dire du poète latin :

« *Pax aluit vites et succos condidit uvæ.* »

La brume, combinée avec la chaleur des rayons solaires, est de l'effet le plus salutaire sur la vendange. Il a même été reconnu que le voisinage des grands cours d'eau est indispensable pour qu'un vignoble soit dans toutes ses bonnes conditions. Autant l'humidité inhérente au terroir est contraire à la vigne, autant celle d'un air ambiant réchauffé par le soleil lui est avantageuse. Sous ce rapport, comme sous tous les autres généralement, *Latour* est on ne peut mieux traité, et l'on doit se féliciter que cet excellent cru ait retrouvé sa complète indépendance après les dix années dont j'ai parlé, et pendant lesquelles il s'était aliéné, ainsi que le Château-Margaux, à une compagnie, ce qui ne lui laissait d'autre intérêt que de tirer à la quantité, principe contraire à tous les grands crus du Médoc. Maintenant qu'il est revenu à lui-même, c'est à perfectionner sa qualité, si c'est possible, qu'il doit uniquement travailler, et de plus belle, pour ne pas être placé à la queue du premier rang.

Élevé à cette hauteur, je ne consens pas à en descendre si vite. J'ai le palais gâté; aussi vais-je franchir rapidement 2 kilomètres, laissant Pauillac à droite, et camper, sans toucher à aucun cru intermédiaire, sous la terrasse de Lafitte. Son petit château en retraite domine, au Levant, le vallon qu'on nomme le *Marais de Lafitte*, et, sur ses autres faces, il est de niveau avec les vignobles dont les produits sont d'un pôle à l'autre le. symbole et le critérium de ce qu'il y a de plus parfait comme vins. Le riche baronet Samuel Scott, qui en a acquis la propriété, qu'il fait gérer par les hommes d'une vieille tradition, nés sous les pampres de Lafitte, met beaucoup d'amour-propre et d'esprit d'indépendance dans la direction qu'il a imprimée à ses nobles produits. Il a voulu toujours courir lui-même les chances des bonnes et des mauvaises années, compensant les unes par les autres, et cherchant à augmenter sans cesse l'étendue de ses plantations par de nouvelles conquêtes sur des terres qui n'avaient encore été l'objet d'aucune culture. Ces jeunes plants, dont le produit doit être cuvé séparément, les accidents multipliés des terrains viticoles de Lafitte qui sont à toutes les expositions, et ses divers plateaux s'étendant même au-delà de la commune et jusque sur celle de Saint-Estèphe, son contact trop immédiat avec les *vilains* de l'endroit, peut-être aussi un peu de jalousie et beaucoup d'envie, enfin toutes ces causes réunies, et plus ou moins influentes, ont souvent provoqué des rumeurs sonnant l'heure du déclin pour *Château-Lafitte*. Il est difficile d'y donner créance, quand on déguste soit les vins du *chai*, soit ceux entassés dans le caveau particulier, ce réceptacle privé du nectar précieux de tous les âges, parmi lesquels on peut juger comme sur la race humaine les effets du temps.

Il est une foule de bonnes gens qui se figurent que plus un vin est vieux, meilleur il doit être, et que si l'on pouvait retrouver quelque bouteille oubliée par les fils de Noé, ce serait le premier vin du monde. Oui, certainement, comme curiosité, mais non pas comme qualité.

Le vin a son enfance, son âge mûr et son déclin. Il finit, comme nous tous, par devenir sans force et sans vigueur; mais dans sa marche vers la décadence complète, quand il a de la race, il conserve encore long-temps la trace de ses vertus. C'est à Lafitte même, en 1834, que je fus à portée de faire cette étude. Le gérant, qui est un fort aimable homme, nous fit commencer par du 1798, vin en réputation sous le Directoire, mais à peu près fini sous le gouvernement de Juillet, époque à laquelle il avait atteint trente-six ans. Le 1811 de la fameuse comète, quoique dégénéré, nous parut encore fort bon; c'était l'homme à son demi-siècle. Mais la palme fut au 1819, année bien réussie, qui avait alors dix ans de fût et cinq ans de bouteilles, excellentes proportions pouvant correspondre aux vingt-cinq ans de l'espèce humaine.

Tous ces vins se buvaient soigneusement décantés. Profane! barbare! qui ose servir du vin ayant formé un dépôt en bouteilles sans en avoir au préalable retranché la lie! La meilleure façon de faire cette opération est tout bonnement de soutirer d'une bouteille dans une autre en ayant soin de ne pas retourner la bouteille, de ne pas changer la position horizontale qu'elle avait au caveau, et surtout d'être averti par l'œil pour s'arrêter à temps. Mais une condition rigoureuse, et dont l'inobservation fournit des armes aux adversaires du décantage, c'est que cette petite opération doit être faite le plus prochainement possible du moment de l'ingurgitation. Préparé de la sorte plusieurs heures d'avance, le vin a souffert; chaque minute de mise en contact avec l'air est une déperdition d'effluves qui n'est insensible que pendant peu d'instants. Nous avons déjà parlé de la température à laquelle le vin doit être bu, et cette précaution n'est certainement jamais négligée au Château-Lafitte.

Une infinité de très-estimables gens vous disent quelquefois de par le monde qu'elles ont d'excellent vin de Lafitte dans leurs caves, et que ce vin ne leur coûta pas cher, quelque chose comme deux francs. Ce serait encore possible, mais cela n'est pas. Si la chose était, ils n'auraient pas à s'en vanter ni à s'en louer : quand on ne peut pas mettre le prix à de pareil vin, il faut se contenter d'un cru d'une classe inférieure; à deux francs et moins vous aurez en tout temps, un vin complet *bourgeois* ou *paysan*, réunissant toutes les qualités qu'il peut posséder, et vous faisant à la fois du bien à l'estomac et du plaisir au palais; tandis qu'en vin de Lafitte vous n'aurez que des cuvées manquées. Aussi ai-je vu vendre la totalité de la récolte de 1845 à moins de 600 fr. le tonneau (912 litres), et malgré ce bon marché, l'acheteur y a considérablement perdu d'argent. C'est une des plus détestables années, il est vrai ; le vin était sans corps, sans couleur, vert et *cru* au suprême degré, chargé d'acides citrique et malique. Il en reste encore, et jamais ce vin ne sera bon ni bu avec plaisir.

On pouvait donc, et c'est pour le prouver que j'ai cité les 1845, acheter et boire du vrai vin de *Château-Lafitte* à moins de un franc la bouteille. Mais personne n'y aurait cru, et un marchand se serait bien gardé de servir ainsi ses pratiques sans les prévenir à l'avance. Il aurait mieux aimé leur donner de ses compositions, et franchement elles n'y eussent peut-être pas perdu cette fois-ci (1).

(1) Lafitte étant commercialement placé le premier vin du Médoc et le seul qui, pendant dix ans, avait intérêt à améliorer sa qualité, puisqu'il vendait en conséquence, nous allons, par exception, parler des vins qui sont à la vente dans les magnifiques et vastes caves du Château. Par appréciation, on pourra juger les prix des autres crus.

Les 1853, dont on n'a écoulé qu'une partie en faisant une règle obligatoire aux acquéreurs du 1854, de prendre avec deux tonneaux des vins nouveaux à 5,000 francs, un tonneau de 1853 à 1,100 francs. Probablement on aurait à quelque chose de moins les 1853, si l'on faisait une offre ferme pour ce qui reste. Les vins ne sont pas bons, mais ils valent en-

Le château de Lafitte n'est pas monumental, mais il est intérieurement assez vaste, dans une belle situation, bâti sur une solide terrasse couverte de végétation, et du haut de laquelle on domine la vallée, riche terre de pâturages, de céréales et de légumes. Le marais de Lafitte sépare Pauillac de Saint-Estèphe. Le château est préservé des vents de Nord-Ouest par des bois et des charmilles fort agréables pendant les chaleurs de l'été ; vers la fin de la belle saison le desséchement des marais laisse échapper une humidité, excellente pour les grappes de raisin, mais dont la fraîcheur et les exhalaisons provoquent des fièvres

core mieux que n'ont jamais valu et que ne vaudront jamais les 1848 dont j'ai parlé.

Les 1850, petits vins sans autre qualité que celle de sortir de bonne race ; mais aujourd'hui ces vins peuvent être tirés en bouteilles, et comme on ne les vend qu'à 1,500 francs le tonneau, ils reviendront à moins de un franc cinquante centimes la bouteille. C'est plutôt le manque de qualités que les défauts qui les caractérisent ; mais comme ils ont de la finesse et la trace plus ou moins perceptible de leur noble origine, après un an ou deux de bouteille, ce sera un fort joli verre de vin, tant qu'on n'aura pas le point de comparaison avec les grandes années.

Les 1849 : ils étaient d'une année de réussite moyenne, *corsés*, mais durs, bon marché du reste. Il y en a dans les *chais* de Lafitte comme il en reste de cette année dans beaucoup de grands crus. Ils sont cotés au Château-Lafitte, 2,600 francs le tonneau, et s'écoulent petit à petit.

On n'a plus de 1848 ; les 1851 et 1854 sont à présent en seconde main.

endémiques dans cette partie du Médoc. Le propriétaire ne l'habitant pas, abandonne à ses agents char-
ges et bénéfices, périls et agréments de la résidence ;
à peine leur fait-il chaque année une courte visite.
L'important pour lui est de recueillir de bons revenus.
Malgré les rigueurs des dernières années, oïdium,
chenilles, limaçons, coulure et verdeur, pluies et ge-
lées, tout compensé, il ne s'en tire pas trop mal, et sur
les *consolidés* il n'aurait certainement pas aussi bien
doublé son capital, tout en percevant en sus jusqu'à
12 et 15 pour cent d'intérêts annuels.

IX.

En sortant du Château-Lafitte, non sans avoir fait
plus d'une sévère critique, le poète Biarnez s'écrie :

> Ah ! tel n'est pas Mouton, l'astre qui l'avoisine ;
> Dont la vive clarté part de cette colline.
> Qui croirait que Mouton, modeste autant que grand,
> Ne vient qu'après Lafitte et n'est qu'au second rang ?
> Le gourmet cependant ne peut le méconnaître,
> Il est aussi brillant et plus brillant peut-être ;
> Et quand de son voisin le vieil éclat pâlit,
> Le sien, plus lumineux, chaque jour s'ennoblit...
> Mouton, le grand Mouton, que l'amour environne,
> Devrait porter le sceptre et ceindre la couronne :

Mais s'il n'a pas d'un roi le nom bien avéré,
Comme tel, parmi nous, il est idolâtré.

Moins poétiquement, mais par les raisons les plus sérieuses, nous partageons tout-à-fait l'opinion exprimée dans ces jolis vers.

Qui croirait, en effet, en voyant ces belles croupes arrondies, aux pentes douces et si bien disposées pour l'écoulement des eaux aidé par un système complet de drainage; qui pourrait penser à l'aspect de ces belles graves à sous-sol d'*alios* ferrugineux brisé, sur un plateau dont la position élevée et ondulée ne perd pas un seul des rayonnements bienfaisants d'un soleil méridional mûrissant également tous les grains du raisin portés sur un cépage d'une seule nature et en plein rapport; qui oserait supposer que, s'il y a quelque part en Médoc un vignoble produisant du grand vin, ce n'est pas de là qu'il doit sortir? Son voisinage avec le meilleur et le principal plateau du Château-Lafitte est si intime, que c'est à tromper le cadastre, et les propriétaires ont bien de la peine à indiquer eux-mêmes leur ligne respective de démarcation.

M. Branne, le père, à qui l'on est redevable de la perfection de ce cru admirable, y consacra toutes ses connaissances viticulturales et ne négligea rien jusqu'à sa mort pour le perfectionner de plus en plus. C'est ainsi qu'il passa, en 1830, à M. Thuret, banquier de Paris, qui, après une jouissance non interrompue de vingt-trois années, l'a vendu à M. Nathaniel de Rothschild, neveu et gendre de **M**. le baron James. On ne peut que se féliciter de voir ce cru entre les mains d'une famille riche et puissante qui saura le faire valoir et le tiendra à la hauteur de son mérite. Déjà, et comme heureux préliminaire, les vins de la dernière récolte de 1854 viennent d'être vendus, et, pour la première fois, le même prix que la récolte similaire du Château–Lafitte. Le début est brillant et promet pour la suite.

Sur les 63 hectares dont se compose le domaine de Branne–Mouton, 55 sont consacrés aux plantations de vignes. Elles y dominent exclusivement, sans partage ; pas un arbre, pas le plus petit arbrisseau ne viennent leur ravir un rayon du soleil ou partager un des sels de la terre. Les 8 hectares restant sont encore pour la vigne quoique indirectement : ce sont les bâtiments servant à l'exploitation, logements et manutention des récoltes, et quelques morceaux de prairies d'une insuffisance notoire pour sustanter les cinq magnifiques attelages de bœufs consacrés aux *façons* de la vigne.

La plupart des vignobles du Médoc, ainsi qu'on a déjà pu le remarquer, sont coupés de petites pièces entremêlées de vignes appartenant à divers particuliers, même à de simples paysans. C'est, quoi qu'on dise, un mélange assez désagréable de toutes manières (nous aurons à nous étendre sur ce chapitre au désavantage évident des grands crus), et qui n'est pas aussi profitable aux petits propriétaires qu'il pourrait le devenir par l'organisation des *cuviers centraux*, dont nous nous occuperons plus tard.

Mouton jouit du bénéfice d'être seul chez lui. Divisé en deux grands corps de domaine, tous les rangs de vignes, sans solution de continuité, sont, sur les 55 hectares de ces deux immenses plateaux, entièrement plantés de *Cabernet-Sauvignon*. Outre que c'est le meilleur cépage, il offre un autre avantage remarquable, c'est que tout mûrit en même temps, grappes et grains, tandis que lorsque les cépages sont de diverses espèces, même également de choix, il y a encore des raisins verts lorsque d'autres sont mûrs et même pourris. Les petits propriétaires sont obligés de couper tout en même temps, et les grands propriétaires, malgré le triage le plus recommandé, ne peuvent empêcher qu'il ne se glisse des mélanges nuisibles à la qualité de la vendange. Pour la taille et la durée du cuvage, une seule espèce de raisins met aussi bien mieux à l'abri des erreurs.

Sans négliger les plants de reproduction, tout est combiné à Mouton de façon à ne présenter qu'une immixtion insensible du produit des jeunes vignes dans celui de leurs aînées. Il n'y a pas de vignoble en Médoc où l'âge moyen soit plus uniformément réglé.

Après avoir inspecté sérieusement de si parfaites plantations sur le sol le mieux disposé, le plus riche et le plus favorable à la vigne de tout le Médoc, avec des plants choisis et de distinction, des *chais* et des cuviers qui ne laissent rien à désirer, enfin, après avoir reconnu que rien ne manque, qu'il y a réunion accomplie de tout ce que l'expérience, le soin, l'art et la nature peuvent produire, on est tout naturellement frappé de surprise en apprenant que le vin qui en sort n'est classé qu'en seconde ligne. Il a beau en occuper la tête, ce n'en est pas moins une position secondaire (1). Elle paraît bien encore plus révoltante quand on a savouré le produit lui-même. Lorsqu'il est d'une grande année, il est impossible de rêver au-delà. Tout se trouve réuni : bouquet, finesse, sève soyeuse. C'est ce même vin de Mouton qui fit pousser à un gourmet l'exclamation qui s'est conservée : «C'est du satin, c'est du velours en bouteille ! »

Les vins sont un peu plus précoces à Mouton qu'à Lafitte. S'il faut cinq à six ans de barrique à ceux-ci, les vins de Mouton sont faits une année plus tôt. A considérer la précocité comme une marque d'infériorité, Lafitte perdrait avec Latour ce qu'il gagnerait avec Mouton. Mais la précocité est plutôt une qualité, et de celles qu'il faudrait développer.

---

(1) M. d'Armailhacq, tout-à-fait désintéressé et plus expert que qui que ce soit dans cette question, s'exprime ainsi, page 481 : « Mouton a une des premières places parmi » les seconds crûs, et plusieurs amateurs prétendent que ce » vin égale celui de Lafitte. »

Qu'importe qu'un peu moins de durée en soit la conséquence? Quand un vin est à point, ce n'est pas à le garder mais à le boire qu'il faut s'appliquer : aujourd'hui est à nous ; demain est-il plus à nous qu'au bon vin.

Une complaisance de courtiers, aidée du profond savoir-faire de l'ancien tenancier du château Haut-Brion dans les graves de Pessac, fit inscrire un jour ce cru au rang des quatre premiers grands vins. Il usurpa nominalement la place de Branne-Mouton, et la puissance de l'habitude une fois prise, l'y fait maintenir sans avoir désormais besoin de justifier cette prétention. Non-seulement Haut-Brion ne soutiendrait pas la comparaison avec Mouton, mais les deux Rauzan, Pichon, Gruau-Larose et Léoville ne craindraient pas de se mesurer avec Haut-Brion. Le propriétaire actuel, M. Larrieu, qui eut l'heureuse chance d'un contrat viager, au moyen duquel ce domaine lui revint presque à rien, pendant que M. Beyermann, son prédécesseur, l'avait payé fort cher sans pouvoir le garder, M. Larrieu, dis-je, tient, et il a raison, à ne pas laisser déclasser son vin; mais les récoltes s'empilent dans ses *chais*, et il s'expose à les garder toutes et se condamne peut-être à les boire avec ses amis, s'il persiste à vouloir vendre le même prix que les plus grands vins.

Pour rétablir la vérité dans les choses et ne pas vivre avec une fiction de plus, la classification des vignobles bordelais doit porter *Branne–Mouton* à la place occupée par Haut–Brion, et celui–ci sera encore bien heureux s'il conserve sans conteste la place laissée vide par Mouton parmi les seconds grands vins.

L'opinion publique et les faits ont prononcé ; je ne suis ici que pour les constater. Ce n'est pas moi qui me permettrais de trancher une si délicate question.

Il n'y a pas de château à *Mouton.* La maison est d'un style tout–à–fait bourgeois, quoiqu'elle soit la plus vaste du village de *Pouyalet*, dont elle fait partie. Elle n'a qu'un rez-de-chaussée, mais comme elle repose sur de solides fondations et que les murs en sont très épais, elle supporterait un étage de plus et même deux. Alors elle prendrait une tournure convenable et mieux en rapport avec l'excellence des vignobles. Comme son nouveau propriétaire ne viendra jamais y habiter, quel besoin du reste d'un château de plus en Médoc ?

Ce qui est autrement regrettable à *Branne-Mouton*, est l'absence du caveau. Les *chais* ne contiennent que la misérable récolte de 1853, et M. Thuret, en cédant le domaine, en emporta jusqu'à la dernière bouteille. On ne peut plus, sur les lieux, juger avec le palais tout ce qui est précédemment sorti de ce grand cru. Il est, pour ainsi dire, sans autre passé que la tradition orale, et faute de pouvoir déguster, on tourne ses regards vers l'avenir ; mais il est cruel d'at-

tendre encore au moins sept ou huit ans pour pouvoir
s'écrier à son tour :

« Oui, c'est vraiment du velours en bouteille! »

A côté de *Branne-Mouton* se trouve, au Couchant,
le Mouton-d'Armailhacq. Ces deux domaines, à peu
de chose près d'une contenance égale, étaient réunis
le siècle dernier et formaient ensemble la baronnie
de Mouton. La maison de Gramont, à qui elle appartenait, céda ses droits seigneuriaux à l'aïeul de
M. Branne, qui demeura au village de Pouyalet;
M. d'Armailhacq acheta le vieux château et ses environs, qui constituaient la moins bonne partie des vignobles. Aussi leurs produits n'ont–ils jamais été
classés au–dessus des cinquièmes grands crus, et se
vendent-ils tout au plus moitié du prix de leur ancien frère.

S'il eût suffi pourtant d'être entre les mains d'un
homme d'une haute capacité spéciale, d'être admi-
nistré par un véritable encyclopédiste en ampélogra-
phie, les vignobles de Mouton-d'Armailhacq seraient
en tête de tous les autres. Ce n'est pas précisément en
parcourant ses champs de travail qu'on se forme cette
conviction, mais bien plutôt en lisant le chef-d'œuvre
didactique sorti de la plume du propriétaire actuel,
M. A. d'Armailhacq. J'avoue que ses rangs de vignes, sa grave, ses expositions solaires et ses vastes

cuviers ne parvenaient pas à détourner mes yeux de
ses pages écrites avec tant de clarté, d'ordre, de précision, et une connaissance si pleine et si bien élu-
cidée sur tout ce qui se rapporte à la culture des vignes
du Médoc et à la vinification qui en est la suite. C'est
un chef-d'œuvre dans son genre, et le plus beau présent que M. d'Armailhacq pût faire à sa contrée. Ce
Manuel poussera inévitablement à des progrès marqués. Pour ma part, je ne pouvais plus faire un pas
en Médoc sans ce *vade-mecum* dans ma poche, et,
dans mon amour et mon estime pour l'auteur, il me
semblait que, grâce à lui, j'étais devenu plus fort et
plus apte à la culture de la vigne en Médoc que la plupart des vignerons, nobles et paysans, croupissant
dans les routines séculaires.

Comme nul n'est prophète dans son pays et que
M. d'Armailhacq est l'ennemi déclaré des habitudes
prises qu'on suit sans raisonner, et uniquement parce
qu'on a toujours fait ainsi, il a dû nécessairement
trouver beaucoup d'opposants et de détracteurs. La
critique ne lui fait grâce sur rien, et nous en avons
reconnu la trace jusque dans ses propres serviteurs.
Ceci est d'autant moins étonnant, qu'il a dû commencer les réformes chez lui, afin de joindre l'exemple
aux préceptes. Ses gens se seront considérés dès lors
comme les premières victimes, semblables aux élèves
de ce célèbre médecin qui commençait par essayer
sur eux l'effet de ses remèdes. Si, de prime-abord,

6

le réformateur n'a pas réussi, s'il a hésité ou qu'il ait
dû recommencer et procéder par tâtonnements, on
ne l'aura pas ménagé.

Qu'importe qu'il fasse plus ou moins de vin qu'autrefois? Ce n'est jamais du premier bond, ni qu'on
touche le but, ni qu'on parvient à recueillir le fruit
des perfectionnements ; au contraire, comme on revient sur ses pas et qu'on se replace en enfance, le
présent est presque toujours sacrifié à l'avenir. C'est
ce que la malice, la sottise et l'envie s'efforcent à ne
pas comprendre.

Peut-être aussi, mais nous ne faisons que hasarder
timidement notre pensée, M. d'Armailhacq, avec l'é-
lévation qui lui est propre, embrasse-t-il parfois un
horizon un peu trop vaste sans s'être au préalable
rendu un compte assez précis des moyens pratiques à
sa disposition. C'est ce que nous avons cru entrevoir
dans l'édification de sa propre habitation. Il avait
voulu, dans le temps, remplacer le vieux manoir des
Gramont par un château moderne dont le plan était
élégant et grandiose. La première aile en fut promptement élevée ; mais tout est resté depuis à ce brillant
début. Peut-être avait-il trop embrassé....... Nous
devons, dans l'entreprise de nos œuvres, agir avec la
prudente circonspection dont la divine Providence
nous fournit l'exemple *en mesurant le vent à la
brebis tondue.*

Les pierres d'attente du château d'Armailhacq subissent déjà les ravages du temps, et tel qu'il subsiste il est l'image d'un château comme on en voit peu, je puis même ajouter comme on n'en voit pas. Nous avions eu le dessin de le photographier comme singularité, mais nous y avons renoncé, préférant donner cours à de plus généreuses pensées à l'endroit d'un homme de mérite, qui présente de si brillants côtés et comme viticulteur et comme œnologiste.

Les comices agricoles n'oublieront certainement pas M. d'Armailhacq dans la distribution de leurs primes. Il a déjà reçu un témoignage flatteur de la Société d'agriculture; mais un travail fait dans un but aussi pratique vaut bien une part dans les primes qui sont accordées aux éleveurs de bêtes, car une œuvre d'esprit ne contribuera pas moins aux progrès que les comices ont pour mission d'encourager et de récompenser.

Le vin de Mouton d'Armailhacq est classé, comme nous l'avons dit, dans les cinquièmes grands crus; mais il ne peut tarder à mériter de l'avancement sous l'application continue des excellentes doctrines professées par son propriétaire.

A propos de l'*oidium*, cette horrible maladie qui dévore la vigne depuis plusieurs années, M. d'Armailhacq fait la déclaration suivante dans les cinq dernières lignes de son livre :

« Après des recherches nombreuses et des essais » faits avec soin, il nous est permis de croire et d'af-

» firmer que nous avons découvert un remède héroï-
» que et souverain, qui n'est ni trop difficile, ni trop
» dispendieux. Nous le ferons bientôt connaître. »

Ainsi l'auteur, qui a déjà tant donné, promet encore davantage.

Mais qu'il se hâte, sous peine de passer non-seulement pour avoir écrit sur les bords de la Garonne,
mais encore d'avoir leurré, dans les conclusions d'un
ouvrage sérieux, les espérances des viticulteurs. Dans
les vignobles où la maladie répand la désolation, on
est d'autant moins disposé à accorder des délais, que
nous touchons justement au moment de la nouvelle
réapparition annuelle de l'*oïdium*.

Il est singulier que ce fléau nous soit arrivé d'un
pays sans vignobles. On n'a pas oublié que c'est en
Angleterre et dans des serres chaudes, qu'un jardinier
a donné le premier signal de son apparition sur un
pied de vigne, qui paraissait avoir fait ce malheureux
emprunt à une plante récemment arrivée des régions
tropicales. Le nom de ce jardinier, *Tucker*, est devenu inséparable de cette plante parasite, qu'il classe
lui-même dans la famille des champignons et qu'on
ne connaît plus aujourd'hui que sous la désignation
de *Oïdium Tuckeri*.

Depuis 1852, les vignes du Médoc en ont ressenti
l'atteinte, et comme on a remarqué que, dans les
pays attaqués précédemment par l'*oïdium*, sa durée
moyenne a été de cinq ans, on tremble encore pour

l'année présente et la suivante, sans être rassuré pour les autres. Comme cette cryptogame s'attache d'abord aux feuilles ou aux grains du verjus, et que la vigne commençait seulement à pousser lors de ma dernière visite, on n'en était encore qu'aux conjectures. Le bois n'est atteint et noirci qu'en dernier. On m'a montré bien des fois, sur l'écorce des pampres de l'année passée, les traces qu'elle y avait laissées. Le tissu paraissait charbonné, et sa moelle même avait un développement anormal. Tous ces symptômes de l'an dernier devaient agir défavorablement sur la nouvelle récolte; mais on espérait pourtant que si le temps était sec et chaud, que l'humidité ne vînt pas favoriser la cryptogame, le restant en déclin de l'année précédente ne causerait pas de graves dommages.

On se préoccupa un moment d'un insecte bleu connu sous le nom d'*Altise*, qui s'était abattu en masse sur les premières pousses, et qu'il a suffi, pour faire disparaître, d'un grand vent soufflant du Nord-Ouest avec violence pendant trois ou quatre jours. Ne confondons pas l'*altise* avec l'*attelabe* ou *crabe*; celle-ci est plus tenace et vient plus tard.

L'*oïdium* engendre ou attire une autre espèce d'insecte qu'on a supposé être la maladie même; on a conjecturé aussi que l'*oïdium* lui-même n'était qu'une conséquence d'une maladie antérieure; d'autres savants l'ont au contraire rangé dans le genre *érisiphe*. Enfin on fut longtemps incertain sur les causes de la

6.

maladie, et aujourd'hui, après des essais multipliés partout pour la détruire, on n'a rien trouvé d'assez énergique. Aussi le secret de **M.** d'Armailhacq, s'il était efficace, serait accueilli par la reconnaissance publique et lui assurerait en outre, ce qui n'est pas à dédaigner, le prix d'un million voté par les départements viticoles en faveur de celui qui les délivrera de l'*oïdium* et de ses ravages.

X.

Après ces crus principaux de Pauillac–Saint-Lambert, il est une foule d'autres crus dans cette double commune qui sont loin de mériter le dédain. Les villages de *Milon, Bajes, Pouyalet, Mousset* même ont leurs *Castéjà, Pontet-Canet, Lacoste, Jurine, Ducasse, Libéral, Batailley, Moussas,* etc., qui tiennent un rang honorable dans les cinquièmes grands vins. Les moins bons vins de la partie nord de Pauillac, à l'inverse de la partie sud, sont ceux récoltés au Levant, près du fleuve. Cela tient entièrement à la nature du sol et à leur voisinage des marais, et ne modifie en rien, pour ainsi dire, nos observations précédentes sur les influences fluviales.

En franchissant le marais de Lafitte, comme plus au Midi, nous avions déjà laissé celui de *Pibrac* qui coupe en deux la commune de Pauillac, nous foulons le territoire de Saint-Estèphe. Il produit encore de fameux vins, mais cependant la dégénérescence commence à se faire sentir, et après cette commune les grands vins sont finis, et la qualité des vignobles ira toujours en déclinant rapidement jusqu'à la pointe extrême du Médoc.

La grave de Saint-Estèphe, toujours semblable à celle de Pauillac, est encore excellente. On y remarque un mélange de sable plus fréquent qu'à Pauillac. Aussi les vins de Saint-Estèphe sont-ils généralement d'une nature plus légère, mais toujours recherchés par leur finesse, leur bouquet et leur délicatesse. Le sous-sol est comme à Pauillac d'*alios* ferrugineux friable ; ce poudingue, défoncé et mêlé avec la grave supérieure, fait admirablement et rend ces vins préférables peut-être à tous autres, quand ils ont vieilli à la fois en fûts et en bouteilles, pour les estomacs débiles et pour les vieillards surtout. Plus précoces que ceux de Pauillac, ils vieillissent vite et prennent promptement la couleur *tuilée* ; mais s'ils sont souverains pour les malades et les convalescents, quand ils paraissent usés et sur le déclin, ils ont néanmoins conservé assez d'agrément pour être recherchés par les gourmets en très bonne santé.

Lorsque c'est à la sortie de Lafitte qu'on pénètre sur le territoire de Saint-Estèphe, on passe pour ainsi dire sous les batteries de Cos-Destournel. Un portail excentrique chargé d'inscriptions, d'un style participant de l'oriental et du chinois, semble convier le passant à s'arrêter. Son originalité témoigne du caractère de l'ancien propriétaire, **M.** Destournel, dont la manie était de vouloir sans cesse se singulariser en ne faisant pas comme les autres. Toujours disposé à acheter et rarement à vendre, ce vieillard maniaque était sans cesse aux expédients. La conséquence était qu'il s'appauvrissait tous les ans pour payer les intérêts, plus ou moins usuraires, des emprunts qu'il était obligé de subir. Il est à croire que si la mort eût continué à l'oublier encore, il aurait achevé la désolation des collatéraux qui espéraient en sa succession, et qui n'eussent probablement plus rien trouvé.

Ce domaine de *Cos* a été acheté, ainsi que *Pomys*, par un boulanger de Londres, nommé Martyns, énormément riche, et qui, voulant avoir toutes les propriétés de feu Destournel, s'est aussi rendu adjudicataire du cru de *Cos-Labory*, que ce dernier avait acquis seulement dans les dernières années de sa vie.

Le vin de *Cos-Destournel* figure dans les seconds grands vins et passe pour le premier cru de Saint-Estèphe. Quand l'année est favorable il justifie en partie cet honneur ; mais pour peu que les vendanges ne soient pas heureuses, ce vin a généralement si peu de corps qu'il ne lui reste presque plus rien, et il est alors au-dessous de bien des vins qui lui sont inférieurs dans la classification. Le grain de ce vin est remarquable par sa délictesse et son soyeux ; son bouquet est très-aromatique. Aux grandes Indes il jouit de beaucoup de faveur, et l'on préfère cette marque à toute autre. Il faut croire que ses plants de la *Syrras* de l'Hermitage ont été du goût des Nababs, ou quelque année favorable aura établi la réputation de ce vin à leur cour, car ils ne veulent boire que du *Cos-Destournel*. Ce débouché suffit à l'écoulement des récoltes, que le commerce bordelais ne recherche que lorsqu'il a absolument besoin de la marque pour ses expéditions à Calcutta et à Madras.

Ce mirifique portail de *Cos* a quelque chose d'une décoration théâtrale, non-seulement parce qu'il a l'air d'être en bois recouvert de toile peinte, mais encore parce qu'il est trompeur et n'est l'entrée que de *chais* et d'écuries. De maison de maître point, et on ne trouve là, à proprement parler, qu'un vignoble avec ses bâtiments d'exploitation.

La véritable habitation de M. Destournel était à peu de distance, sur un autre domaine appelé *Pomys*. Egalement situé sur le territoire de Saint-Estèphe, *Pomys* n'est pas dans une catégorie comparable à *Cos*. Il n'est qu'un simple *bourgeois*, à côté du gentilhomme.

Il est même inférieur à *Cos-Labory* classée en cinquième.
Celui-ci, profitant de sa proximité avec l'autre *Cos*,
dont il n'est séparé que par un étroit chemin, fait
ménage avec lui, ce qui pourrait établir ces deux *Cos*
en moyenne comme troisième grand vin ; qu'on ne se
récrie pas ! c'est tout au plus la place du meilleur des
deux.

Il est un autre cru, tout à côté, faisant partie de ce
même coteau, touchant *Cos* au Midi, et le *Château-
Lafitte* au Couchant, qui s'appelle *Rochet*, à mada-
me Lafond de Camarsac. Il a beaucoup de vieilles
vignes plantées d'un excellent cépage sur une grosse
grave à fond d'*alios* ; aussi, donne-t-il un des véritablement bons vins du Médoc. C'est le pur type du
Saint-Estèphe, et bien des gourmets le mettent au
moins sur la même ligne que *Cos-Destournel*. Nous
y avons bu des vins de 30 ans en bouteilles, parfaitement conservés et qui ne ressentaient pas le poids des
années, quoique le Saint-Estèphe ne brille pas précisément par la durée. Il est vrai que ce vin était de la
récolte de 1825, qui a été si long-temps à se faire.
C'est un des crus que nous recommanderions le plus
volontiers aux amateurs, si les propriétaires, fort
agréables du reste, ne savaient si bien qu'ils font de
très-bons vins, et ne protestaient continuellement
contre la classification qui les condamne au quatrième rang. Avec de pareils sentiments, ils ne sont

pas toujours disposés à traiter raisonnablement.

Le château de Pomys, sur lequel nous n'avons pas tout dit, est une habitation des plus agréables. Les bâtiments, vastes et développés, ainsi que les *chais* et cuviers, sont entourés de jardins qui offrent de charmantes promenades au milieu des eaux, des fleurs et de l'ombrage. M. Destournel avait su très-bien choisir une résidence, dont le boulanger qui a des écus ne fait pas autant de cas, et abandonne toute la jouissance à *ses gens*, comme il dit, avec lesquels il n'a pas l'habitude de boire et de manger (sic).

Cette partie de Saint-Estèphe a une rivalité bien dangereuse dans un vignoble nouvellement créé sur des bois défrichés du côté opposé, et dont la grande réputation ne date que de 1834. C'est le vin de Médoc auquel en trouve le plus de rapport avec la sève de Bourgogne. On l'a placé alternativement second, puis troisième grand vin. Il est bien second et, en bonne justice, il doit passer avant *Cos* et ne se vend pas au-dessous.

Ce vignoble, dont nous allions oublier de mentionner le nom de *Monrose-Dumoulin*, descend par des pentes douces et régulières vers la Gironde, où ses grappes aspirent les douces et bienfaisantes influences fluviales tout en présentant ses flancs caillouteux au soleil du Levant et du Midi. Il a donné jusqu'à cent tonneaux de vin.

Dans les crus classés de Saint-Estèphe, il n'y a que *Calon-Ségur*, à M. Lestapis ou Phélan, qui produit davantage, et un fort bon vin balloté entre la troisième et la quatrième classe, suivant l'année. Ce domaine est tout-à-fait princier. A part ses vignes, dans les bois et les prairies qui baignent le littoral du fleuve sont des retraites délicieuses et agréablement variées. Le château, d'une forme élégante, a été remis à neuf et les bâtiments consacrés à la manutention des vendanges, sont des mieux entendus : chemin de fer, engrenages, grues, poulies, cuves recouvertes des pressoirs, rien ne manque pour la conversion en liquide des trésors enlevés aux pampres des coteaux. Là se trouvent résumés les meilleurs procédés de pressurage et de coulage. On peut appeler cuviers et *chais* modèles ceux dont on a apprécié les détails si bien entendus à *Calon-Ségur*. M. Phélan est en outre propriétaire de *Garamey*, où il récolte 200 tonneaux de vin *bourgeois*.

Meyney-Lutkens, à côté de *Calon-Ségur*, a des vignes immenses ; mais il est loin, comme qualité, de faire aussi bien que son voisin. Il est aux mêmes héritiers que l'ancien château de *Latour-Carnet* à Saint-Laurent, dont j'ai déjà eu occasion de parler. *Meyney*, à Saint-Estèphe, n'est classé que comme *premier bourgeois*.

Saint-Sauveur, Cissac et Verteuil, que nous appelons *Dos-Médoc*, ont leur couchant dans les landes mêmes ; ce n'est que dans la partie opposée que l'on cultive la vigne et que se trouvent quelques coteaux recommandables. Dans la première de ces communes, le plateau de *Liversan* donne un grand vin de la cinquième classe. Les vignobles de Cissac produisent des vins participant des qualités de Saint-Estèphe, mais moins tendres, moins fins et moins précoces. Ses deux premiers crus, les châteaux de *Breuil* et de *Larrivaux* ne sont même pas classés. Verteuil est à peu près dans une position identique : ses deux principaux vignobles, *Picourneau-Malvesin* et l'*Abbaye-Skiner* sont tout au plus de *bons bourgeois*.

Le marais de Reysson termine le Médoc dès vins fins. Au Nord et au Levant le long de la rivière, il y a encore beaucoup de vignobles, mais appelés de *Bas-Médoc* et ne donnant plus que des vins plus ou moins bons comme ordinaires, mais sans distinction et la plupart frappés d'un goût de terroir désagréable.

Saint-Seurin de Cadourne est un gros bourg contigu à Saint-Estèphe, produisant énormément de vin. Dans une bonne année et en choisissant bien, on peut y trouver des vins fort agréables à boire. Ils sont généralement moelleux, d'une belle couleur, mais ils ont peu de bouquet et frisent même le goût de terroir. Le beau vignoble de M. Parouty est le premier de Saint-Seurin, et n'est pourtant pas classé, quoique le terrain y soit graveleux sur ses pentes au Levant.

C'est décidément ici qu'expire le pays du grand vin.

Ce n'est pas que dans les divers vignobles qui vont suivre jusque dans les *terres hautes* du canton de Saint-Vivien, on ne trouve par-ci par-là d'excellents vins d'ordinaire quand le goût de terroir ne les domine pas trop fort. Les propriétaires y sont faits et boivent toujours leurs vins des années favorables avec un nouveau plaisir. Au fond, il y a, même dans ces vins de *Bas-Médoc*, une sorte de finesse et de distinction qui les rendent toujours supérieurs aux vins grossiers et communs qu'on récolte sur la rive opposée de la Gironde. Aussi, ne tombent-ils jamais à si bas prix, sont-ils recherchés pour traverser les mers, et gagnent-ils sensiblement à mesure qu'ils prennent de l'âge.

Nous sommes depuis Saint-Julien dans l'arrondissement de Lesparre, mais ici c'est le canton même de Lesparre. Sur sa partie éloignée du fleuve les seuls vignobles à citer sont les plateaux de *Potensac* et de *Pepin-d'Escurac*, commune de Civrac, où l'on trouve encore de belle grave et d'assez bonnes expositions. Saint-Germain d'Esteuil possède sur son territoire le *Château-Livran*, dont le vignoble, planté sur une grave légère, ne manque pas de distinction.

En continuant à descendre de Saint-Seurin de Cadourne jusqu'à Valeyrac, dernière limite des vignes, on voit successivement Cadourne, Saint-Yzans, Couquèques et Saint-Christoly. Il y a des propriétés sur lesquelles se récoltent jusqu'à 150 et 200 tonneaux de vin, et dans les bonnes années on peut encore choisir dans leurs *chais* de très-bons vins de table. Nous avons bu à l'ancienne *Ile de Jau*, composée aujourd'hui des trois communes de Jau, Dignac et Loirac, qu'on a réunies autour d'une église moderne bâtie au centre formé par le triangle de ces trois villages, d'excellent vin du cru, de l'année 1846, que nous serions bien heureux de retrouver partout.

Notre visite aux dernières limites des vignobles est terminée, mais cette *promenade* ne sera l'accomplissement de la tâche que nous nous sommes imposée qu'après que nous aurons fait connaître le Médoc sous les autres faces accessoires qu'il présente, surtout pour la totalité de ce qui se rapporte aux productions viticoles.

XI.

La population fixe et sédentaire du Médoc présente toutes les classes depuis la plus infime jusqu'à la plus élevée. Le clavier des vins y est beaucoup moins étendu; il part seulement de la classe moyenne pour atteindre au sommet. En Médoc il y a, comme malheureusement partout en France, des prolétaires et des déshérités de la fortune, des gens enfin qui n'ont rien dans le monde, tandis qu'il n'y a pas un hectolitre de vin qui joue, vis-à-vis des vins d'autres lieux, un si piètre rôle. Ils sont tous, sans exception, au-dessus de la *vile multitude*.

La classe travailleuse, dans son chiffre total, est insuffisante aux travaux des vignobles à certaines époques, telles que les vendanges, et cependant des familles entières, père, mère, enfants, tout y est employé et toute l'année. Il n'y a peut-être pas de pays où les femmes travaillent davantage, et le salaire de ces journées en pleine campagne est tout au plus l'égal de celui du travail intérieur ailleurs, dans les pays de fabriques et de manufactures. Nous n'avons pas les documents statistiques nécessaires pour savoir quel est, du travail intérieur ou du travail extérieur, le plus dur, le plus compromettant pour la santé et la durée moyenne de la vie, mais on peut penser tout ce qu'il y a de rigoureux dans une journée d'hiver passée tout entière au milieu des vignes, soit pour y fagoter les sarments coupés, soit pour y lier les pampres épargnés par la taille avant que la sève ne monte. Ce travail n'est pas purement mécanique : l'art de lier la vigne fait partie de celui de la tailler ; il en est le complément, car la pensée qui fait agir pendant ces deux opérations distinctes est la même, et la lieuse de vigne doit être pénétrée des motifs qui ont dirigé la serpe pour continuer par la ligature à y rester fidèle. Dans un vignoble où l'on rechercherait le mieux, la perfection enfin, c'est le vigneron, celui-là même qui a ménagé le pampre, qui devrait le lier. Ce serait un travail à retirer aux femmes, quoiqu'elles y soient très-adroites et très-expéditives, et à donner aux hommes. Il serait ainsi doublé de prix, car la journée d'un vigneron est, sans être nourri, de *un franc*, et celle d'une femme est invariablement fixée à moitié (cinquante centimes). Qu'on ne pense pas d'après cette modicité de salaire, que le premier paysan venu soit un vigneron ; il faut presque y être né, du moins il faut une longue expérience pour acquérir les connaissances pratiques d'une science qui ne s'apprend pas dans les livres, et qui n'en est pas moins soumise à des principes certains. Il dépend du journalier, et sans que le propriétaire soit en droit de se plaindre, que celui-ci ait à récolter quelques hectolitres de plus ou de moins.

Mais ce qui est bien plus anormal, et qui prouve mieux que tous les raisonnements que cette pauvre agriculture, le plus noble et le plus ancien des métiers, est reléguée au dernier degré dans la hiérarchie des salaires, c'est qu'un vigneron sera rétribué à l'inverse de sa capacité et du soin intelligent qu'il voudra consacrer à l'accomplissement de sa tâche. On le paie rarement à la journée ; le travail des vignes est donné au *prix-fait*. On sait qu'à tailler la vigne un ouvrier expéditif peut gagner, d'après le nombre de pieds

qu'il expédie, jusqu'à 1 fr. 25 c. dans sa journée.
Mais il faut, pour atteindre à ce maximum, qu'il n'arrête pas et que la serpe marche toujours ; nous disons
à dessein la serpe, car avec le sécateur, devenu aujourd'hui l'instrument à la mode, si l'on dépêche davantage, on ne peut tailler complétement la vigne. Si
la pensée, le calcul, arrêtent le bras du vigneron, il
n'arrivera pas au maximum. Et dans l'intérêt bien
entendu du propriétaire, il faut que le tailleur de sa
vigne ne procède pas comme une mécanique ; il faut
qu'il agisse avec intelligence, et cette intelligence ré-
fléchie ralentira son action physique (1). Non-seulement chaque espèce de cépage doit être taillée différemment, mais il faut tenir compte de l'âge et de la
vigueur du sujet, de la charge respective qu'ont sup-
portée les branches l'année précédente, de la nature
inégale, du sol et enfin du provin qu'un pied est sus-
ceptible de fournir. Quelque rapide que puisse être le
calcul de la pensée, il faut, même chez un paysan
exercé, le temps donné à l'examen et ensuite aux con-

(1) Partout où l'on ne s'attache pas à la qualité comme
dans les crus classés du Médoc, on taille, depuis deux ans,
de façon à avoir la plus forte quantité possible ; on appelle
cela *tailler à mort*. Il s'agit de charger la vigne le plus possible, sauf à fumer et à lui accorder plus tard du répit,
lorsque les vins seront rentrés dans leur prix normal, qui
est arrivé à être en certains endroits quadruplé et quin-
tuplé.

séquences logiques qui en doivent découler. Alors cet homme, qui n'agit pas comme une brute, expédiera moins de pieds que le vigneron qui coupe toujours, et gagnera un salaire inférieur, alors qu'au contraire il en méritait un bien supérieur. Et quand on se conduit aussi inconséquemment en plaçant l'ouvrier entre son intérêt et le devoir, serait-on bien venu à se plaindre de sa manière de travailler ?

Sans doute, faire bien porte en soi-même sa récompense ; mais, est-ce suffisant pour celui qui gagne juste de quoi vivre misérablement ; et quelle est d'ailleurs la reconnaissance du maître, quelle est d'autre part la gloire de ce pauvre vigneron, à qui l'on marchande un salaire inférieur à celui qu'obtient le dernier malotru dans les villes ?

En Médoc on apporte une vigilance et un soin de toutes les périodes pour empêcher la vigne de s'allonger et surtout de s'élever, circonstances qui sont pour elle des causes de dépérissement. Le tronc, à sa sortie de terre, est divisé en deux bras formant un angle d'environ 45 degrés, qui tend à s'ouvrir chaque année davantage par la contrainte qu'on impose à l'allongement continu de ces bras, afin que leur sommet ne dépasse pas les 40 centimètres de hauteur de la latte transversale à laquelle ils sont liés. Les lattes sont supportées par des piquets verticaux appelés *carassons*, et ces lattes, à la file les unes des autres, présentent tout le long du sillon un espalier sans solution de continuité. C'est sur elles que sont attachées, formant un arc, les deux *astes* (branches à vin) qui partent de l'extrémité des deux bras, l'une à droite et l'autre à gauche. L'espalier de pieds de vigne espacés de un mètre 20 centimètres, est parfaitement aligné et sur l'épaisseur la plus réduite, pour qu'il soit moins exposé aux accidents du labourage. Les rangs de vigne sont plantés à la distance d'un mètre, et longs généralement de 62 à 86 mètres. Quand le terrain ne commande pas, ces sillons sont dans la direction du Levant au Couchant, ce qui les abrite mieux des orages, procure la plénitude des rayons solaires aux grappes de raisin ainsi exposées au Midi, et permet d'effeuiller la vigne du côté opposé. Chaque sillon, bien droit mais flottant comme la croupe du coteau, présente une cime uniformément dentelée sur toute sa longueur.

Il ne faut pas perdre de vue que tout en faisant rendre à une vigne tout ce qu'elle peut rendre, on doit en même temps ne pas sacrifier l'avenir, et la maintenir dans une direction qui la préserve de l'atteinte de l'araire, seul instrument usité dans les vignobles du Médoc.

Ce n'est pas seulement l'hiver qu'on donne à la vigne les *façons* préliminaires; on ne la quitte presque jamais. Aussi les vins de prix payent-ils seuls quand on est obligé d'employer des bras mercenaires. Lorsque la sève commence à monter, que les premiers bourgeons se montrent, il faut être là pour les préserver des insectes, des limaçons (1) et des chenilles, et l'ébourgeonner ; quand la fleur se fait sentir, que le verjus se forme et qu'il change de couleur, à toutes ces périodes on chausse et l'on déchausse les ceps, on épampre, on effeuille, on arrache les chien–dent, la plus pernicieuse des herbes parasites. Quatre *façons* successives sont données au terrain à l'aide de charrues à socs divers. Il n'y a pas eu économie à substituer l'araire à la bêche dans le Médoc ; depuis le mois de mars au mois d'août, les bœufs ne quittent pas les vignobles ; ils passent et repassent entre les sillons sans frôler de droite ou de gauche le moindre pampre. Hommes, femmes et bêtes, consacrés à ces délicats travaux, y sont dressés respectivement et s'entendent on ne peut mieux. Le bouvier est constamment à son affaire la charrue en main, guidant de l'œil et de la voix le pesant attelage, dont la marche est réglée et uniforme ; la place où le pied doit se poser est indiquée de façon à ne jamais offenser ni les branches ni le fruit. Une femme, marchant parallèlement à la charrue, interpose une pelle comme un bouclier pour que les provins ne soient pas enterrés. Tout ce travail en plein air, accompli à la pluie, au vent ou au soleil,

(1) Contre les limaçons, on emploie souvent avec succès des bandes de dindes et de canards, qui en sont très friands et s'engraissent à cette curée sans endommager la vigne : double profit pour le cultivateur.

7.

avec deux énormes bœufs, un bouvier et une paysanne, loin d'être exécuté brutalement, se fait dans ses divers détails avec la délicatesse et le soin qu'on y apporterait dans un atelier clos et couvert.

La vigne sauvage, qui choisit son terrain elle-même, y vit éternellement, surtout dans les rochers. La culture lui fait rapporter beaucoup plus, mais c'est toujours aux dépens de sa durée. En Médoc, la vigne, dans ses différentes natures, vit de 30 à 100 ans. Quoique plus qu'aucune autre plante la vigne vive par ses feuilles, ce qui la rend si vivace et si résistante à la sécheresse, il faut que ses racines puissent pivoter sans rencontrer de l'humidité; alors elle ne meurt qu'excessivement vieille; c'est aussi alors que ses racines, ayant pénétré profondément dans la terre, y ont pris le goût du sol, qu'elles font donner à la plante son meilleur produit. Dans un sol sablonneux, où elle croît vite, elle finit de même, suivant les lois générales de la création.

L'eau étant le plus grand ennemi des racines de la vigne et la cause principale de sa mort et de sa pourriture, nous avons déjà vu que de tout temps on a pratiqué des aquéducs de dessèchement en bois, en briques ou en moellons même. Mais on ne pouvait jamais suffisamment multiplier ces ouvrages coûteux. Par le drainage, qui prend aujourd'hui un si grand développement, on desséchera complétement tous les sous-sols imperméables des vignobles, et ce sera ainsi accroître le bien-être des ceps de vigne et assurer la prolongation de leur existence. Il en résultera un bénéfice tout à la fois pour le propriétaire et pour le vin ; pour ce dernier qui deviendra meilleur étant produit par de vieilles vignes. Seulement, quand elles sont trop vieilles, elles produisent très-peu et doivent être successivement renouvelées par de jeunes plants ; c'est alors que les propriétaires les fument, opération qui n'a jamais lieu qu'au détriment de la qualité du vin, en Médoc comme ailleurs. (1)

Le fumage des vignes nous amène à reparler du morcellement des vignobles et de l'enchevêtrement des sillons appartenant à divers sur la même pièce d'un coteau.

A plusieurs reprises nous avons eu occasion de signaler le fait. Le Château-Margaux, Lafitte et beaucoup d'autres domaines considérables dans le Médoc, outre les pièces principales, ont une infinité de rangs de vignes en commun sur le même plateau. L'exposition, le terroir, les cépages, tout est identique ; on peut affirmer que l'égalité est parfaite.

(1) Encore est-il bien important de n'employer que des engrais végétaux, un *compost* de terreau et de détritus de plantes, car le fumier des animaux, par sa seule odeur, fait du mal au bouquet de la vigne.

Cette égalité cesse tout-à-coup quand le raisin est coupé.

Cela ne tient pas à ce que l'éducation ne fût pas exactement la même. La vigne d'un paysan ou d'un bourgeois n'est peut-être pas l'objet d'autant de soins que celle d'un seigneur ; mais, en revanche, au lieu d'être mercenaires, ces soins sont prodigués par l'aiguillon de l'intérêt personnel et paternel, ce qui compense et au-delà, aussi bien que le travail à la houe qui vaut celui à l'araire. S'il y a une différence sur pied, elle serait plutôt en faveur du petit propriétaire qui, fumant généralement moins, ne produit pas autant et devrait par conséquent avoir pour lui présomption de qualité. Mais laissons de côté ces diverses considérations qui se balancent entr'elles, et admettons comme un fait reconnu, que tous les raisins du coteau en commun se valent et qu'il n'y a pas de distinction à faire entre eux. Le grand propriétaire prendrait toute cette vendange pour la mêler et la cuver avec la sienne, qu'il ne ferait pas moins bien ; mais la gloire et l'honneur de son cru lui défendent cette mésalliance avec un paysan, même avec un bourgeois. Il se ferait déclasser, et perdrait par conséquent plus qu'il ne gagnerait.

Cependant, qu'arrive-t-il au moment des vendanges ? Avec des fruits égaux, le petit producteur va ne réaliser qu'une marchandise fermentée ne valant que moitié, que le tiers, souvent même que le quart de

celle de son voisin titré. Est-ce tout préjugé ? Non ,
malheureusement , et nous allons prouver clairement
que, tout bon viticulteur qu'il puisse être , le petit
propriétaire est forcément un imparfait œnologiste.

Il a peu de vendange ; il en fait la récolte en famille, y met beaucoup de temps et n'emplit ses cuves
que lentement. Il ne fait pas de triage, coupe tout in-
distinctement et sans choix ; vert, mûr et pourri, tout
est ramassé ensemble et précipité à mesure dans la
cuve ; il emploie souvent à la charger une semaine ,
et pour bien faire, il faut qu'elle le soit , comme dans
les grands crus, dans l'espace de vingt-quatre heures.
Il s'ensuit que la fermentation commencée est interrompue , prise et reprise au détriment de la vinification. Ses vaisseaux, en outre, ne sont jamais en état
parfait ; cuves et barriques sont mal entretenues. Il
écoule trop tôt ou trop tard , commandé qu'il est par
des moyens restreints et par des considérations étran-
gères. Bref , il ne recueille jamais que des vins très
distancés de son grand et puissant voisin, et il vend à
un écart encore plus marqué comme prix que comme
qualité.

Le bourgeois, et surtout le paysan , a accepté de
père en fils cette condition subalterne. Il ne cherche
pas à la changer , parce qu'il est convaincu d'avance
que son sort est déterminé et qu'il est condamné à
perpétuité à une infériorité à laquelle il ne peut échapper. Elle a existé , elle existe , et en effet elle existera

tant qu'il n'aura que ses faibles ressources pour s'affranchir. Ce n'est qu'à l'aide d'une puissante protection que son sort peut changer ; elle serait facile à trouver ; il ne faut que la chercher où elle peut être, et nous allons sommairement l'indiquer telle que nous l'avons comprise après un mûr examen.

L'association, cette force si vieille de théorie et si jeune de pratique dans notre belle patrie, serait le puissant levier à l'aide duquel on élèverait le vin des *bourgeois* et des *paysans* à la hauteur, ou bien près, des vins classés.

Les *petits blancs* des colonies étaient autrefois dans une condition aussi défavorable pour rouler leurs cannes à sucre. Beaucoup de planteurs récoltaient de belles cannes, mais faute de machines à vapeur, ne pouvaient les tourner qu'à un prix de revient plus élevé, et qui diminuait ainsi d'autant le rendement qu'ils en tiraient, ce qui les faisait végéter dans une position d'infériorité vis-à-vis des grands planteurs, dont les usines étaient complètes non-seulement pour cuire le vesou, mais même pour raffiner.

Il ne restait d'autre ressource au petit planteur que de tourner avec les manéges capricieux à eau et à vent, ou à l'aide d'animaux très-coûteux de premier achat et d'entretien. Aussi avaient-ils encore plus de profit à subir la loi des gros planteurs et à accepter le prix qu'ils leur offraient de leurs cannes. En ceci ils étaient moins mal partagés qu'en Médoc, où les grands crus voudraient qu'ils ne pourraient même pas tendre la main à ceux qui les entourent.

Qu'arriva-t-il aux colonies? Un beau jour, une réunion d'industriels imagina la création d'*usines centrales*. Elles ne se livrèrent pas à la culture de la canne, mais simplement à leur conversion en sucre. Elles achetaient la matière première aux petits propriétaires, ou la tournait pour leur compte, comme le meunier moud pour tout le monde, moyennant retenue en nature ou redevance en argent. En Californie, nous avons participé à l'établissement de moulins à broyer le quartz en commun, au milieu des centres de mineurs. Tous les intérêts, aux colonies et en Californie, s'en sont bien trouvés : comment n'en serait-il pas ainsi en Médoc? La vendange est-elle plus délicate que la canne à sucre? C'est possible, mais n'importe. Est-elle plus précieuse que l'or? Pas encore, du moins.

Il s'agirait donc d'établir, au milieu des meilleurs vignobles du Médoc, des cuviers semblables à ceux des grands crus, et l'on emprunterait à chacun d'eux ses meilleurs procédés, qui ne se trouvent pas encore réunis chez un seul. Trois de ces *cuviers centraux* suffiraient : un à Margaux, le second à Saint-Julien et le troisième à Pauillac. La clientèle serait la masse des petits propriétaires qui, réunis, formeraient, en monnaie, la représentation d'un grand vignoble ; peut-être ne seraient-ils pas aussi exactement homo-

gènes, mais ceci aurait peu d'importance, car le produit mélangé de ces vendanges ne serait autre que
celui du vin qui résulte de plusieurs cépages, et ce
n'est pas le plus mauvais assurément.

Peut-être la méfiance ou les prétentions respec-
tives des cultivateurs forceraient-elles l'usine centrale
à acheter leurs vendanges, et ce serait le meilleur
pour tout le monde, si l'on pouvait déterminer un
cours raisonnable, basé à la fois sur l'état de la vendange et le cours des vins vieux. Le paysan y gagnerait très-certainement, en traitant avec une compagnie respectable, et il en serait bientôt convaincu ; la
compagnie, de son côté, ne pourrait y perdre. Ce
double bénéfice s'explique et se comprend d'autant
mieux, en pareille occurrence, que c'est la marchandise qui, rien que par le changement de mains et de
procédés de manipulation, se trouve avoir doublé de
valeur.

Cette entreprise serait assise sur des bases devant
présenter des bénéfices presque assurés, et elle ne
pourrait qu'honorer celui qui se mettrait à sa tête,
soit avec ses propres capitaux, soit à l'aide de capitaux d'emprunt.

La seule objection qui nous paraîtrait sérieuse, serait celle qu'on n'aurait peut-être pas mouture suffi-
sante ; l'usine chômerait, dit-on ; les paysans étant
de force à ne pas comprendre tout d'abord leur véritable intérêt et à se montrer absurdement intrai-
tables.

Comme on saurait à l'avance ce qu'on aurait à ma-
nipuler à l'ouverture des bans, on ne chargerait.que
le nombre de cuves qu'on pourrait remplir. Les frais
ne seraient que proportionnels, et quelque minime
que fût la quantité qu'on cuverait, elle présenterait
un bénéfice. Il faudrait que ce bénéfice fût bien res-
treint pour ne pas couvrir les frais généraux, dont le
plus fort article serait l'intérêt du capital engagé, lequel capital ne serait pas excessif.

Qu'on juge, au contraire, combien pourraient
être considérables ces bénéfices, si tous ceux qui ont
intérêt à profiter de l'entreprise lui arrivaient. Le Médoc produit environ cinq mille tonneaux de vins fins ;
il pourrait arriver à en donner le double avec les *cuviers centraux*. Quelle plus-value, non-seulement
pour la contrée, mais encore pour l'accroissement
de la fortune publique, et sans que le cours général
s'en ressentît ! Il y aurait un peu plus de vins fins et
un peu moins de vins ordinaires. Voilà tout ce qui en
résulterait.

Les *cuviers centraux*, semblables à la révolution
qui nous rendit tous aptes à devenir des gens de qualité, rendraient de leur côté tous les vins du Médoc
susceptibles de devenir des vins de qualité. Les révolutions pacifiques et économiques valent certainement
bien les autres.

XII.

Le Médoc a l'air riche et somptueux : il l'est et il ne l'est pas. Une grande année y répand l'abondance ; mais cette grande année n'arrive que tous les trois ou quatre ans. Les autres années ont peine à couvrir leurs frais ; ils sont beaucoup trop considérables sur les grands vignobles, où l'on parle sans cesse de les restreindre, sans prendre jamais aucune mesure à cet effet.

Le propriétaire d'un grand cru de Médoc ne doit pas avoir là le fond de sa fortune, tout au plus la moitié, afin de supporter les frais et d'être le maître d'attendre le moment favorable pour vendre ses vins. Le revenu des vignes est précaire et inégal. On doit tenir un pareil domaine comme accessoire, et s'en faire honneur. Pour l'agrément, à moins d'être né dans le pays, on ne l'y trouverait guère : on n'y parle que vin, et tout est sacrifié à la vigne. Si le produit porte à la gaieté, la vue et la culture n'ont pas à beaucoup près le même charme.

Le Médoc passe pour le pays le plus grevé d'hypo-
thèques. Je n'ai pas été faire le relevé des registres
chez le conservateur ; mais on parle de 40 millions.
C'est une somme énorme, vu son peu d'étendue, et
elle équivaudrait à deux années au moins de son revenu. Ce ne sont ni les plus grandes propriétés ni les
plus minimes qui sont ainsi endettées. Les moyennes
supérieures supportent la plus lourde charge des emprunts. On aime à bien vivre, à vivre grandement,
aristocratiquement ; bien misérable qui, avec un cru
classé, n'a pas une voiture ; c'est là que véritablement

« Tout bourgeois veut bâtir comme les grands seigueurs ;
 » Tout petit prince a des ambassadeurs,
  » Tout marquis veut avoir des pages. »

Comme à un brillant Longchamps, à certaines époques, on ne voit que beaux équipages sur toutes les
routes du Médoc.

Le peuple y est pauvre, vu la faiblesse des salaires
et la distance à laquelle ses vins sont tenus de ceux
des grands crus, quoique les fruits aient mûris ensemble. Ce qui sauve le paysan, est la petite maison
sur laquelle il vit exempt de loyer, le jardin, la vigne
qu'il cultive de ses propres mains. Cependant, l'a-
mour du luxe a pénétré sous le chaume, principalement chez les jeunes filles. Quoique ne gagnant que
cinquante centimes par journée, à l'époque de la fête

locale, il y a lutte d'élégance; les plus jolies ne se bornent pas à cueillir dans un champ voisin leurs plus beaux ornements, elles mêlent dans leur toilette la soie à la dentelle. « Honni soit qui mal y pense. »

Généralement les cultivateurs se nourrissent mal ; à peine mangent-ils de la viande, et ils ne peuvent plus goûter même à leur vin ; néanmoins ils sont bien vêtus et sans différence sensible avec le costume des artisans de la grande et belle ville voisine.

L'entreprise du travail des vignobles est divisée en ce qu'on appelle des *prix-faits*. Un *prix-fait* se compose de 2 hectares et demi d'étendue, couverts d'environ 24 mille pieds de vigne. Toute une famille arrose cette espèce de glèbe de ses sueurs, et c'est pour cela que les prix de la journée pour les deux sexes ne varient pas et sont établis au minime taux que nous avons déjà fait connaître.

Le produit moyen d'un cep de vigne brut est de quinze centimes ; il en coûte à peu près les deux tiers en frais divers pour obtenir ce revenu. Reste donc net à la propriété des plus beaux vignobles, cinq centimes (un sol !); on s'étonne d'abord à pareil compte de la cherté du vin. Il faut l'un dans l'autre 1,000 pieds en Médoc pour donner une barrique de vin (228 litres). On doit donc supposer qu'il y a quelque chose comme 160 millions de pieds en plein rapport, plantés sur les 20 mille hectares cultivés en vignes dans le Médoc, où la récolte moyenne est en effet évaluée à 40 mille tonneaux de vin (364,800 hectolitres) ; soit deux tonneaux par hectare, qui est la moyenne également de la totalité des hectares plantés en vignes dans toute la France.

Comme les vendanges du Médoc sont les plus précoces. du département, qu'elles sont généralement terminées lorsque les autres vignobles commencent les leurs, on a toujours des hommes et des femmes de journée venus du dehors pour couper les raisins et faire ce qu'on appelle les vendanges. Charmante époque pour le propriétaire quand elle n'est pas contrariée par le mauvais temps! Il touche au moment tant désiré, où, cessant de trembler pour sa récolte, il peut enfin la regarder comme sienne, après avoir échappé à la fois aux intempéries des saisons, à ses ennemis de toutes sortes, et à la terrible maladie qui continue à ravager les vignobles.

Pour les paysans aussi, les vendanges sont une agréable époque ; le temps n'est jamais très-rigoureux et la nature de cette cueillette porte plus que toute autre au plaisir et à la gaîté. Aussi, généralement, la soirée de travail se termine-t-elle par des danses au son du violon ou de la cornemuse. C'est fête générale dans tout le Médoc.

Mais en somme, les plus heureux parmi les habi-

tants du Médoc, sont les régisseurs, espèce d'intendants pour lesquels les mauvaises récoltes ont moins
de rigueur que pour le propriétaire : ceux-là s'en
tirent toujours. Outre un traitement fixe, ils ont généralement tant pour cent sur les dépenses. Je ne sais
pas si ce furent eux ou les propriétaires qui imaginè-
rent de prendre une semblable base ; dans tous les
cas, elle ne peut être favorable à l'économie. Nous
avons vu dans le chapitre précédent que les vignerons
sont payés à l'inverse de ce qu'ils mériteraient ; il
n'est donc pas étonnant que les régisseurs le soient à
leur tour à l'inverse du propriétaire. Allez donc prê-
cher aux intendants des réformes économiques qui
réduiraient leurs traitements !

Indépendamment de ces régisseurs, qu'on comprend chez les propriétaires qui n'habitent jamais sur
leurs domaines, qui en sont éloignés et ne veulent
pas s'en occuper, il y en a encore auprès de quelques-
uns de ceux qui prennent part eux-mêmes à la ges-
tion de leur bien. Ce sont les régisseurs les plus inutiles et les moins heureux. Vive celui dont le maître
est toujours absent, qui couche dans son lit, roule
dans sa voiture et mange à sa table ! Ceux-ci finissent
tout-à-fait par prendre la tournure du propriétaire,
assez semblables à Gil-Blas au service des petits-maî-
tres dont les valets prenaient avec les habits dorés
jusqu'aux noms et qualités pour aller courir le soir les
bonnes fortunes. Malheureusement pour les valets,

si cette comédie recommençait souvent, elle finissait
vite et était semée de périls. Le règne des régisseurs
n'est pas aussi éphémère. On en pourrait citer qui
voient si rarement le cher maître, qu'ils finiraient par
douter qu'ils n'en sont que les agents, n'étaient les
propriétaires voisins, toujours aristocrates sur ce
chef, qui saisissent toutes les occasions de le leur rappeler, pour maintenir entre eux la distance. « Vanité
des vanités... »

Les régisseurs sont souvent d'honorables négociants de Bordeaux, qui cumulent fort intelligemment
le soin de leurs propres affaires avec celles qui leur
sont confiées. Au-dessous d'eux il y a sur chaque domaine une espèce de sous-régisseur appelé *homme
d'affaires*. Il est l'âme du domaine, le génie des détails. On le considère partie intégrante de l'immeu-
ble ; aussi passe-t-il presque toujours dans les mains
du nouvel acquéreur comme les autres dépendances
du domaine. Elevé sur les lieux, nul n'en connaît
mieux tous les coins et recoins, les ressources et les
parties faibles. Il est moins payé que le régisseur, et
serait pourtant un personnage autrement difficile à
remplacer. C'est généralement en famille qu'il vit sur
la propriété même. Il l'aime comme la sienne propre,
s'en enorgueillit et en parle toujours à la seconde
personne du pluriel. Il reçoit peu en argent, mais retire une foule de petits profits indirects, licites et to-
lérés. Ce sont pour la plupart de fort honnêtes gens,

nés dans la contrée, sur laquelle ils ont aussi de petits vignobles à eux appartenant.

Viennent ensuite en foule les chefs des différents services appelés maître de *chai*, maître-bouvier, maître-vigneron, etc., qui commandent leurs journaliers respectifs. Une pareille administration, ainsi qu'on doit le penser, ne laisse pas que d'être fort coûteuse, et surcharge lourdement le chapitre des frais généraux, surtout dans les années calamiteuses, dont elle prélève le revenu le plus clair et le plus net.

La culture dans le Médoc est traitée d'une manière généralement uniforme ; c'est pour cela que nous avons cru devoir nous étendre sur les détails pratiques en ce qui touche l'économie des vignobles. Quant à la vinification, elle varie beaucoup et change suivant la nature des vignes et d'après les systèmes adoptés dans les diverses localités et par les différents œnologistes. Les uns foulent et pressent la vendange, d'autres s'en abstiennent et se bornent au dégrapage ; l'un fait cuver à l'air libre, l'autre, au contraire, couvre les vaisseaux. Chacun a de quoi justifier sa façon de procéder et la soutient la meilleure.

On n'en finirait pas s'il fallait discuter toutes les méthodes de vinification, et il serait on ne peut plus difficile de conclure sainement et sans soulever des réclamations de toutes espèces. Un fait certain est acquis, c'est que des propriétaires de grands crus faisant leurs vins respectifs d'une façon diamétralement opposée, arrivent à produire des vins entre lesquels il est impossible de prononcer et d'établir une préférence.

Tout en reconnaissant que les progrès faits par la chimie dans notre siècle doivent beaucoup aider les producteurs de vin, l'art de le faire reste dans le nombre des arts qu'on peut résoudre également bien en suivant des routes toutes différentes. La palme alors doit appartenir à qui arrive au même résultat par les voies les plus simples et les plus économiques.

Nous avons assisté au départ des meilleurs vins de Bordeaux qui sont appelés à figurer à l'Exposition Universelle, et l'on applaudissait hautement à la mesure prise par la Commission impériale pour n'admettre que les vins directement envoyés par les propriétaires; elle avait déjà repoussé l'intermédiaire des négociants.

Au moment où nous mettons sous presse (fin juin), il y a eu de tels retards que nous ne pouvons seulement pénétrer dans l'annexe du Palais de l'Industrie où l'on dispose les produits œnologiques. Privé même de la vue, qui sera plus tard la seule jouissance réservée au public, nous en sommes réduits à nos réflexions sur la nature et la forme de cette exposition.

Tous les vins seront-ils dégustés et jugés comparativement, ou bien ne concourront-ils entre eux que par vignoble? Quels seront les juges dont le sens du goût

8

sera assez développé, de qui les papilles seront suffisamment délicates, pour prononcer sûrement quand nous n'oserions pas répondre que tous les courtiers réunis fussent suffisants à la besogne? Sans doute sur la liste du jury figurent les noms les plus chers à la science et aux arts; mais y a-t-il seulement dans le nombre un simple dégustateur?

Quant au public, que peut-il voir, que peut-il apprécier? Dans cette nature d'exposition, son lot se bornera à la vue du *contenant* et de son *étiquette*. Et s'il est vrai que rien ne ressemble plus à un honnête homme qu'un coquin, on peut, certes, affirmer encore plus pertinemment que, bouché dans une bouteille, rien ne ressemble plus à un bon vin qu'un mauvais.

Il est présumable que la classification dont nous avons longuement parlé, et qui sert de point de départ, même trop souvent aux courtiers bordelais, pèsera puissamment sur la décision du grand jury.

Tous les produits de l'agriculture ont incontestablement le droit de figurer à une Exposition universelle où les autres contrées de l'Europe, voire même notre jeune Algérie, ont déposé le fruit de leurs vendanges; tous sont appelés à leur part de couronnes nationales. Aussi accueillerons-nous avec respect les décisions du grand jury, quelle que soient les bases sur lesquelles elles puissent reposer. Quant au résidu des dégustations, il doit aller, dit-on, à la cantine des hôpitaux de Paris, pour ranimer des malades peu habitués aux vins de Château-Lafitte, de Constance et de Tokay. Dans le monde des ivrognes et même des gourmets, le billet d'hôpital fera prime ce jour-là.

XIII

J'ai terminé avec le *Haut-Médoc*, avec le pays du bon vin ; voici la seconde partie, le Bas-Médoc, sur lequel j'ai déjà signalé des vins ordinaires à goût de terroir ; il n'est pas aussi remarquable comme vignoble qu'il le devient pour ses pâturages, ses terres arables, ses marais salants et ses dunes. C'est sous ces nouvelles faces que nous allons l'examiner rapidement.

Je ne parlerai pas des landes. Presque constamment, depuis Bordeaux jusqu'à la mer, elles bordent la partie occidentale du département de la Gironde et occupent près de la moitié de la superficie totale du département. Ces sables arides et incultes sont séparés de l'Océan par des dunes élevées ; sans ouverture et sans solution de continuité, malgré la mobilité de leurs ondulations, ces dunes retiennent dans l'intérieur des landes les eaux pluviales, dont les sables

n'absorbent pas la totalité, et qui, ne trouvant pas
d'issue vers la mer forment d'énormes étangs à peu
près inutiles ; leurs bords inféconds et malsains ne
sont pas habités ; une très faible population de misérables pasteurs montés sur des échasses, semble perdue au milieu de ces déserts. Plus au Sud, ces étangs
d'*Hourtin*, de *Carcans* et de *Lacanau* se frayent une
issue dans le bassin d'Arcachon. Ici la scène change
et tout se ranime. De nombreux et intrépides pêcheurs
explorent dans leurs barques une côte dangereuse ;
les communications rendues faciles avec Bordeaux,
grâce à la voie ferrée, ont donné à toute cette contrée
le mouvement et la vie, et y ont centuplé la valeur
immobilière.

Les produits de ces sables cultivés et les produits
arrachés du sein des flots affluent conjointement vers
la grande ville, et de celle-ci, au retour de la belle
saison, la *Fashion* vient s'ébattre dans toutes les jolies *villas* qui se sont élevées magiquement entre les
forêts de pins de la *Teste de Buch* et la plage du
bassin d'Arcachon. Encore plus qu'à ses beaux sites,
cette contrée, jadis si sauvage, doit sa vogue au
laborieux chemin de fer de la *Teste*.

Tous les autres bains de mer de cette zone méridionale ont été abandonnés. Nous allons voir que
dans le Médoc, non du côté de la rivière, mais sur le
côté opposé, en face du grand Océan, on a aussi des
projets commencés de bains de mer. La situation est

admirable, mais le plus grand obstacle sera la viabi-
lité. Tant qu'on n'aura pas de chemin de fer en Médoc (et les travaux d'étude ne sont pas seulement
faits), on reculera devant une longue journée de diligence pour aller chercher ce qu'on trouve si commo-
dément, d'un autre côté, et à une heure seulement de
Bordeaux.

De Pauillac à Lesparre on franchit la distance en
moins de deux heures. D'abord on traverse de beaux
vignobles, puis le pays s'aplatit et prend un autre caractère. L'industrie pastorale et arable dans des terres
fortes et bien irriguées a son importance locale. Mais,
en somme, il faut savoir que le département de la Gironde n'est riche que par ses exportations de vins ;
s'il s'y récolte 2,000,000 d'hectolitres, à peine la
moitié est consommée dans le pays, et le reste se répand sur la surface entière du globe, tandis qu'au
contraire en grains et en foin, on ne produit que tout
au plus la moitié de ce qui est indispensable aux
hommes et aux bêtes du département, tributaires,
pour ces articles de première nécessité, des départements voisins.

Lesparre a moins d'animation et de mouvement que
Pauillac avec son port et sa navigation. Tous les navires expédiés de Bordeaux font une halte plus ou
moins prolongée à Pauillac, et c'est là aussi qu'entrent
en libre pratique les navires arrivant des différentes

mers. On avait construit, une demi-lieue au-dessous de Pauillac, le magnifique lazaret de *Trompelou*. Je ne sais à quelle cause attribuer l'abandon dans lequel il est tombé. Il n'a plus à présent aucune destination, et les quarantaines ont lieu à bord des navires, sous la surveillance du stationnaire à vapeur de l'État, qui, devant Pauillac, commande l'entrée de la rivière.

Lesparre, chef-lieu d'arrondissement avec une population moindre que Pauillac, qui n'est que chef-lieu de canton, possède un tribunal de première instance et les diverses autres administrations publiques. Elle n'en est pas moins une ville très-triste et à peu près morte. Quoiqu'elle ne soit pas précisément laide, l'herbe croît dans les rues et on n'y voit un peu d'animation que les jours de foire. Les transactions se bornent aux besoins de la consommation, et les exportations à un peu de blé, de vin, de sel et à quelques bestiaux.

Tous ceux qui ont habité la campagne dans le Midi, savent que les plus grands divertissements des jours de fête sont, après l'accomplissement des devoirs religieux, un peu de danse sur la pelouse pour les filles, et le cabaret avec ses jeux et sa boisson pour les hommes. Mais à présent que le vin est si cher, ils n'y boivent plus : ils y mangent seulement, ce qui n'est pas à beaucoup près aussi gai et aussi bruyant....

« *Plus de vin*, partant plus de joie. »

Ces pauvres paysans ne sont plus du tout les mêmes au physique comme au moral. Il est temps, si l'on ne veut que le caractère méridional subisse une transformation, que quelques bonnes récoltes de vin rendent à ceux qui le cultivent, les moyens d'en boire leur part. La disette a plus fait pour la tempérance que toutes les exhortations du prône n'avaient pu faire jusque-là. Contre les excès le malheur n'est pas grand; mais nous ne sommes pas de ceux qui, pour éviter l'abus, veulent voir détruire l'usage, et celui-ci, nous l'avons déjà dit, est indispensable aux cultivateurs dont il fut le second lait.

Mon ami Gombaud, estimable négociant de Bordeaux, qui a eu l'obligeance de m'accompagner dans le Haut comme dans le Bas-Médoc, et qui n'était pas à son début de dévouement, est apparenté dans la contrée; c'est à cette circonstance que j'ai été redevable de visiter des fermes retirées qu'autrement je n'eusse certainement pas découvertes. Avec sa voiture légère que nous conduisions nous-mêmes, nous surmontions tous les obstacles. Les routes sont généralement belles; dans les traverses sablonneuses où il y a un peu de tirage, nous communiquions notre ardeur à *César*, habitué à un service plus doux d'aller et de retour entre Bordeaux et Merignac. Tout en accordant à ce bon petit cheval d'excellentes qualités (que j'accompagne de tous mes vœux pour qu'il n'ait jamais rien à démêler avec les sangsues), je ne lui passe pas volontiers le nom de *César* ; comme tant d'autres qui l'ont usurpé, il manque précisément de la vaillance indispensable pour porter un si grand nom.

Les vastes plaines qui s'étendent de Lesparre au cap n'ont d'autres hauteurs que celles formées par leurs limites mêmes. Du côté du fleuve le terrain incline successivement et forme de vastes marais salants ; du côté de la mer, il est au contraire relevé par les masses de sable rejetées par la vague, et qui ont formé comme des chaînes de collines dont le vent jadis changeait continuellement les ondulations. On est parvenu à les fixer en les cultivant, et il appartenait à notre siècle de métamorphoser ces plaines mobiles de poussière en forêts verdoyantes et productives.

Il s'est trouvé un arbre dont les racines se sont accommodées de cette maigre substance végétale : le Pin Maritime. Son nom savant m'échappe. L'ingénieur Bremontié, qui signala le premier la possibilité de fertiliser ainsi les dunes du golfe de Gascogne, vient d'obtenir, au pied même des dunes de La Teste, un petit monument élevé par la reconnaissance publique. Outre le revenu assez considérable que l'État en retire, cette barrière oppose aux flots irrités des tempêtes et des grandes marées une résistance plus énergique. En temps normal elle est l'embellissement et l'assainissement de ces contrées, où tout n'était auparavant que sables mouvants sans abris, et marais indesséchables.

La vue de ces forêts, quand elles sont couvertes de leurs pommes de pin, fruits jaunes et dorés au retour de la belle saison, a quelque chose qui rappelle les plantations d'orangers sous les tropiques. Leur odeur, qui n'a rien de désagréable, se mêle à celle du tamarin, des bruyères et des genêts, qui croissent parfaitement sous l'ombrage tutélaire du pin maritime. Les lapins y pullulent ; les rossignols et les tourterelles ne dédaignent pas ces retraites, où tout devient ainsi, au printemps, parfum, verdure et chants d'amour : il y a pis dans le monde.

Nous avons vu des ceps de vigne jusque sous les dunes ; affermis par les racines pivotantes du pin, ces sables ont aussi gagné un peu d'humus, grâce aux détritus de la végétation et à la décomposition de quelques substances animales. Il ne faut que le temps pour assurer tout-à-fait les conquêtes des dunes, à présent que le travail naturel de la végétation peut s'y faire. De jour en jour elles acquièrent plus d'importance et de solidité, et j'en suis à demander à mon ignorance quels peuvent être les obstacles à ce que toutes les dunes des côtes de France ne marchent pas plus rapidement sur les traces de celles de la Gironde.

Ces grands pins, auxquels l'industrie vient arracher leur sève résineuse, me rappelaient l'érable, encore plus précieux pour les populations du Canada, qui y trouvent leur provision de sucre par des saignées analogues. L'habitant des dunes, fermier du gouvernement, vient, à l'aide d'une hache et d'une échelle portative, enlever d'un côté l'écorce du pin jusqu'à une hauteur qui atteint ses premières branches, à cinq mètres quelquefois. Par cette écorchure la résine coule et descend dans une petite poche pratiquée au pied de l'arbre où elle sera plus tard recueillie. Loin de nuire à l'arbre, il semble au contraire que ces saignées lui soient propices et même indispensables, car le pin ainsi *gemmé* devient plus beau et son bois est préférable pour tous les emplois. Sa durée n'est même pas comparable. On en peut juger par celui employé à faire des échalas dans les vignes : vierge, il ne dure qu'une année, et *gemmé*, il peut servir jusqu'à quinze ans.

Les eaux salées de la mer pénètrent par des fossés en-deçà des marais et arrosent les pâturages, qui n'en sont que plus savoureux pour le bétail ; mais si le bœuf et le mouton peuvent ainsi profiter du voisinage pour l'assaisonnement de leur nourriture, halte-là pour l'homme. Il n'est pas aussi favorisé que les bêtes, et les nombreux agents de la régie des salines, campés dans toutes les directions, semblent être créés et mis au monde pour lui répéter sans cesse les *Paroles du croyant* :

« Vous ne pouvez tremper votre doigt dans l'eau de la
» mer et en laisser tomber une goutte dans le pauvre
» vase de terre où cuisent vos aliments, sans vous ex-
» poser à payer l'amende et à être traîné en prison. »

On se livre beaucoup à l'élève du bétail. Les bœufs
y deviennent monstrueux et brillent dans les con-
cours. Le mouton participe des qualités du *présalé*.
Le cheval, qui est affecté aux labourages, se reproduit aussi dans ces gras pâturages. A peu près toute
l'année, le bétail passe les nuits dans les champs et
y vit dans la demi-liberté sauvage.

Comme tous les pays de grains, le Bas-Médoc en-
graisse beaucoup de volailles, qui sont la nourriture
principale de l'habitant ; il m'est arrivé d'assister à
des repas où, comme les langues dans les festins ser-
vis par le fabuliste-philosophe, on ne voyait à tous les
services qu'un seul mets, le poulet bouilli, le poulet
fricassé, le poulet rôti ; et l'amphitryon semblait aussi
fièrement dire à son commensal :

« Ah ! Monsieur, ces poulets sont d'un merveilleux goût ! »

La chère est un peu monotone en Médoc. Le meilleur du repas est toujours le vin. A Pauillac et au
Verdon, où sont les pêcheurs, on varie un peu avec
des poissons, qu'on n'a pas tous les jours, tandis que
d'autres fois ils sont trop abondants ; mais on n'y sert

jamais que le fretin, et c'est à Bordeaux que le *Roi des mers*, quand il est pris, a l'honneur d'être mangé.

Les oies et les canards, qu'on confit, pullulent beaucoup dans ces savanes humides. En hiver, l'espèce sauvage vient même y fraterniser avec la domestique. Les confits à la graisse, d'une grande renommée dans le Midi, sont une des puissantes ressources de la cuisine.

Ceux qui ont suivi mes *Voyages en Californie et dans l'Orégon,* m'y ont trouvé plus d'une fois en compagnie des oies sauvages. C'est à l'une d'elles que je dois la vie ; je suis bien plus convaincu, malgré mon respect pour l'histoire, d'avoir été sauvé par une oie, que je ne le suis de la présence de ses pareilles au Capitole. Aussi ne me défendrai-je jamais de conserver un sentiment bien sympathique pour l'oie et pour toute sa famille. Je les trouvais à chaque pas, sans les chercher, dans les fermes du Bas-Médoc, où j'ai recueilli de nouvelles preuves de l'intérêt que mérite ce bipède emplumé, non-seulement de moi, qui suis demeuré son obligé, mais encore de tous ceux qui étudient la nature.

J'étais déjà revenu très choqué du pays des pélicans, sur la réputation de tendresse paternelle qu'on accorde à ces oiseaux si inconséquemment. Je n'ai jamais trouvé chez le pélican que de l'intelligence; il en a, mais elle est accompagnée de voracité, du goût de l'abondance et de tous les caractères de l'égoïsme. Quand j'ai pu en abattre, ce qui n'est pas toujours facile, je cherchais en vain *ce flanc déchiré pour nour-rir ses enfants*; en revanche, la besace qu'il porte sous le bec était abondamment pourvue de poissons, quelques-uns vivants encore, dont il se proposait de faire ripaille et d'aller ensuite faire la digestion au soleil, comme le boa. Les Chinois qui sont en Californie essayent d'en attraper de jeunes pour les dresser, ainsi que font les insulaires de leur pays avec les cormorans, à devenir d'utiles auxiliaires dans leurs pêcheries. Ils ne le vénèrent nullement comme l'expression du dévouement paternel, et cette absurdité ne pouvait s'accréditer que dans le pays où l'on n'a pas été à même de le juger.

Je quitte le pélican volontiers pour revenir à l'oie qui est, ceci est incontestable et prouvé tous les jours par les faits, le véritable modèle de la tendresse maternelle. J'étais à chaque instant témoin de la violence que faisait une brutale servante à deux pauvres couveuses qu'elle arrachait matin et soir de dessus leurs œufs pour les envoyer boire et manger; elle osait maudire ces bêtes, qui, disait-elle, se laisseraient mourir de soif et de faim plutôt que de s'éloigner de leur couvée. On doit bien penser que cette rustique paysanne n'avait jamais été mère; il y avait chez elle absence d'entrailles, et j'aurais certainement perdu mon temps en m'adressant à son intelligence pour lui faire comprendre ce qu'avaient de touchant et même de sublime ces excès d'abnégation

maternelle. Ainsi, n'en déplaise aux femmes, c'est
l'oie qui, de tous les animaux, reproduit le mieux leur
côté le plus parfait, et non pas ce glouton de pélican
que la fiction a eu tort d'ennoblir aux dépens de la
vérité.

L'âne et l'oie sont les victimes de leurs rapports
physiques avec le cheval et le cygne, dont ils semblent être la dégradation ; mais ils ont l'un et l'autre de
trop bonnes qualités, malgré leurs défauts, pour qu'on
ne doive pas, éloignant le point de comparaison, saisir
les occasions de leur rendre justice. Les oies seraient,
suivant Columelle, les meilleures gardiennes de la
ferme, non pas parce que leur vigilance sauva un
jour le Capitole, et qu'on les fêtait à Rome pendant
qu'au contraire on y fouettait les chiens ; mais parce
que les oies crient quand on leur présente à manger
et qu'on tente de les corrompre par le bec ; tandis
qu'au contraire les chiens, à commencer par celui
aux trois têtes, se laissent prendre à l'appel de la gour-
mandise, semblables en cela à tant d'autres bêtes
à deux pieds sans plumes, toujours prêtes aussi à
pécher par la gueule.

Pour bien juger de l'immense bienfait des dunes
plantées, voyez au sommet de ces monceaux de sables
s'élever une croix ; elle surmonte un restant de clocher
penché sous l'effort comme la tour de Pise ; là, autrefois, fut un des temples du Seigneur, dans cette église

de Soulac se réunissaient les pâtres de la lande. Une nuit qu'était déchaîné le vent des tempêtes, réveillés en sursaut, ils n'allèrent pas s'agenouiller au pied de l'autel; ils se dirent aussi : *Aide-toi, le ciel t'aidera*, et s'enfuirent, tournant le dos au vent, comme le voyageur au désert surpris par le simoun. Les misérables huttes composant le village de Soulac disparurent vite sous les masses de sable que l'impétuosité du vent soulevait; à peine les habitants avaient-ils eu le temps de sauver quelque chose; c'est un des rares cas où la pauvreté soit un avantage : ces misérables pasteurs le possédaient héréditairement. Pendant qu'ils se cherchaient et s'appelaient, le sable s'amoncelait et lui aussi montait toujours...

Le lendemain de cette nuit d'équinoxe, leurs yeux ne virent plus de tout le village que le signe rédempteur; lui seul, semblable à l'arche, était le vestige unique ayant survécu au cataclysme. Tout depuis est resté exactement au même point, et la mort n'est pas d'une immutabilité plus terrible que *le vieux Soulac*. Ses habitants, plus heureux ou plus malheureux, c'est selon, ne sont pas restés, comme ceux d'Herculanum et de Pompéi, ensevelis sous cette espèce de lave ou de cendre particulière à la contrée. Ils n'avaient ni leur luxe ni leurs richesses; les arts et la mollesse n'avaient pas épuisé leurs merveilles pour embellir leurs demeures, aussi nul souverain n'a prescrit de fouilles à Soulac; on s'en est remis du soin de défaire, à la puissance qui fit. C'est tout bonnement un nouvel ouragan en perspective : on se fait à tout et l'on compte sur tout.

Soulac a été rebâti un peu plus en retraite dans l'intérieur. L'établissement des bains de mer, ne pouvant opérer avec cette prudence, s'est posé fièrement en face de l'onde amère, au bout de cette plage de sable doux et uni baigné deux fois chaque jour par la marée montante. Si l'on était plus près de Bordeaux, ou si, comme je crois l'avoir déjà indiqué, les moyens de communication étaient plus aisés et surtout plus rapides, la place de *Tronche* serait on ne peut mieux choisie ; et sans crainte de se voir ensevelir sous le sable des dunes aujourd'hui affermies, la foule des baigneurs apporterait la vie et le mouvement à ce petit coin du globe qui en fut toujours privé.

L'extrémité du département de la Gironde, au Nord-Ouest, est le cap appelé *Pointe de Grave*, dont les deux côtés sont alternativement battus, au flux et au reflux, par l'eau salée et par l'eau douce. Composée seulement de sables dont le fond solide ne peut être atteint, cette pointe était le jouet des eaux, et outre l'inconvénient de sa mobilité, elle était rongée tous les jours de façon à compromettre la sûreté du Médoc. Le gouvernement finit par s'en émouvoir, et de grands travaux d'art y ont été entrepris pendant plusieurs années, à l'effet d'opposer une digue aux chocs de la vague. On a planté de forts et nombreux épis et cherché à couler un fond de roches factices sur lequel ensuite on pût bâtir. De grands blocs de pierres, assemblés par du béton et enchâssés dans des cadres de fer, ont été coulés et entassés les uns sur les autres. Beaucoup n'ont pas bien pris, ont glissé ou se sont dérobés ; mais enfin, tant bien que mal, on a fini par faire un amoncellement de pesants et solides matériaux reliés ensemble par du ciment et des chaînes. Les mouvements ordinaires de l'eau ne peuvent l'entamer sérieusement ; aussi, après avoir attaché à la *Pointe de Grave* jusqu'à quatre et cinq cents ouvriers, on n'y a en a plus laissé qu'une centaine pour l'entretien. Ce n'est pas suffisant, et pour peu qu'on continue à se relâcher, tout sera à recommencer, et ce sera une économie de plus fort mal entendue.

La grande marée d'équinoxe de l'hiver dernier, doit servir d'avertissement. Le vent fort heureusement ne fut pas son complice, et néanmoins, les vagues passèrent au-dessus et avaient disjoint la maçonnerie. On a dû recommencer les réparations, et pour cette fois-ci encore, le danger a été conjuré à la *Pointe de Grave.*

Mais ce n'est plus là où l'on a à présent le plus à craindre ; le danger actuel est à 3 ou 4 kilomètres plus au Sud, à un endroit appelé *Tous-vents*, sur la plage entre Soulac et *la Pointe de Grave.* La mer a forcé là de façon à menacer de couper la langue

de terre en se rejoignant à la rivière, ce qui ferait
une île de la *Pointe de Grave*. Tous les propriétaires de cette partie du Médoc vivent dans les
transes, et ne peuvent se défaire de leurs biens à aucun prix. Non-seulement pour eux, mais pour la sé-
curité entière du Médoc, il faut reprendre les travaux
d'art avec une nouvelle énergie et sauver cette terre
des fureurs de l'Océan. Là où les eaux ont pénétré à
l'équinoxe, les dunes ont été impuissantes, malgré les
pins dont elles étaient couvertes, qui ont été soulevés,
renversés et totalement détruits.

Il est d'autant plus facile d'apporter des secours à
ce littoral maritime menacé de nouveau, que tous les
travaux préparatoires sont établis avec luxe. *Le Verdon*, de simple village de pêcheurs et de pilotes, est
devenu une petite ville bien bâtie, qu'un chemin de fer
industriel relie à la *Pointe de Grave* sur une étendue
de plus de 2 kilomètres. Il ne faut absolument que
des bras; la pierre est voisine et les bois sont abondants. Ces mêmes pins maritimes font les plus excellents pilotis et résistent bien mieux à la vague, en-
foncés dans l'eau de la mer, que lorsque, avec
leur apparence trompeuse, ils en attendent l'atteinte
sur ces sables mêmes où, avant l'orage, ils semblent
si orgueilleusement enracinés.

Au bout du cap, faisant face à *Royan* et à la fameuse *Tour de Cordouan*, on a touché la dernière

limite du Médoc et de l'Europe. Au-delà c'est la mer : le golfe de Gascogne, l'Océan Atlantique.

Nous aimons mieux retourner sur nos pas, sentir sous les pieds cette terre de culture où, quand on plante des choux, comme dit Rabelais : *On a un pied sur le sol ferme et l'autre n'est pas loin*, plutôt que d'aller recommencer à franchir sur tant de milliers de lieues, tant de millions de vagues au-dessus de l'abîme des océans.... quoique le vin de Bordeaux s'y améliore sensiblement.

FIN.

Paris. — Imp. L. Tinterlin, et Cᵉ, 3, rue Nᵉ-des-Bons-Enfants.

Ouvrages du même Auteur :

44, RUE BLANCHE.

—

DES COLONIES, *particulièrement de la Guyane française.* Cayenne en 1821, 1 vol.

LE PALAMÈDE, Revue des Échecs, 10 vol. in-8°, de 1837 à 1817.

LE DRAME DES TUILERIES EN 1848, brochure in-8°.

LETTRES SUR LA CALIFORNIE, brochure in-8°, 1850.

GUIDE AUX RÉGIONS DU PACIFIQUE, brochure in-18, avec carte, 1853.

VOYAGES EN CALIFORNIE ET DANS L'ORÉGON, 1851-1852, 1 fort vol. in-8°, avec cartes et planches, 1854.

LE SECOND VERSAILLES, brochure in-8°, publiée à Paris et à Londres, 1854.

—◦⟨◦⟩◦—

LE VIN DE BORDEAUX. Prix : 2 francs.

Paris Imp. de L. TINTERLIN, rue N⁻ des-Bons-Enfants, 3.

www.ingramcontent.com/pod-product-compliance
Lightning Source LLC
Chambersburg PA
CBHW071900200326
41519CB00016B/4473